中等职业学校电类规划教材

电气运行与控制专业系列

可编程序控制器技术与应用

于晓云　许连阁　编　著

人民邮电出版社

北京

图书在版编目（ＣＩＰ）数据

　　可编程序控制器技术与应用 / 于晓云，许连阁编著
　—— 北京 ：人民邮电出版社，2010.5
　　中等职业学校电类规划教材. 电气运行与控制专业系
列
　　ISBN 978-7-115-22541-2

　　Ⅰ．①可… Ⅱ．①于… ②许… Ⅲ．①可编程序控制
器－专业学校－教材 Ⅳ．①TM571.6

　　中国版本图书馆CIP数据核字(2010)第058313号

内 容 提 要

　　本书采用基于工作过程导向的课程结构，以项目为载体，以工作过程为主线构建教材项目，所涉及的项目均为工业领域常见工程。本书共有 12 个项目：电动机单向点动运行 PLC 控制、电动机单向连续运行 PLC 控制、电动机正反转连续运行 PLC 控制、电动机正反转两地启停 PLC 控制、工作台自动往复运行 PLC 控制、声光报警 PLC 控制系统、电动机顺序启停 PLC 控制、优先抢答器 PLC 控制、电动机减压启动 PLC 控制、电动机制动 PLC 控制、车库门控制系统、圆盘计数 PLC 控制。

　　本书可作为中等职业学校机电技术应用、电气运行与控制、电子技术应用等专业教材，也可供相关技术人员学习参考。

中等职业学校电类规划教材
电气运行与控制专业系列

可编程序控制器技术与应用

◆ 编　著　于晓云　许连阁
　　责任编辑　李海涛

◆ 人民邮电出版社出版发行　　北京市崇文区夕照寺街 14 号
　　邮编　100061　电子函件　315@ptpress.com.cn
　　网址　http://www.ptpress.com.cn
　　北京昌平百善印刷厂印刷

◆ 开本：787×1092　1/16
　　印张：12.25
　　字数：293 千字　　　　　　2010 年 5 月第 1 版
　　印数：1 – 3 000 册　　　　2010 年 5 月北京第 1 次印刷

ISBN 978-7-115-22541-2

定价：22.00 元

读者服务热线：(010)67170985　印装质量热线：(010)67129223
反盗版热线：(010)67171154

中等职业学校电类规划教材编委会

丛书前言

电子产业是我国国民经济的支柱产业，产业的发展必然带来对人才需求的增长，技术的进步必然要求人员素质的提高。因此，近年来企业对电类人才的需求量逐年上升，对技术工人的专业知识和操作技能也提出了更高的要求。相应地，为满足电类行业对人才的需求，中等职业学校电类专业的招生规模在不断扩大，教学内容和教学方法也在不断调整。

为了适应电类行业快速发展和中等职业学校电类专业教学改革对教材的需要，我们在全国电类行业和职业教育发展较好的地区进行了广泛调研，以培养技能型人才为出发点，以各地中职教育教研成果为参考，以中职教学需求和教学一线的骨干教师对教材建设的要求为标准，经过充分研讨与论证，精心规划了这套《中等职业学校电类规划教材》。第一批教材包括4个系列，分别为《基础课程与实训课程系列》、《电子技术应用专业系列》、《电子电器应用与维修专业系列》、《电气运行与控制专业系列》。

本套教材力求体现国家倡导的"以就业为导向，以能力为本位"的精神，结合教育部组织修订《中等职业学校专业目录》的成果、职业技能鉴定标准和中等职业学校双证书的需求，精简整合理论课程，注重实训教学，强化上岗前培训；教材内容统筹规划，合理安排知识点、技能点，避免重复；教学形式生动活泼，以符合中等职业学校学生的认知规律。

本套教材广泛参考了各地中等职业学校电类专业的教学实际，面向优秀教师征集编写大纲，并在国内电类行业较发达的地区邀请专家对大纲进行了评议与论证，尽可能使教材的知识结构和编写方式符合当前中等职业学校电类专业教学的要求。

在作者的选择上，充分考虑了教学和就业的实际需要，邀请活跃在各重点学校教学一线的"双师型"专业骨干教师作为主编。他们具有深厚的教学功底，同时具有实际生产操作的丰富经验，能够准确把握中等职业学校电类专业人才培养的客观需求；他们具有丰富的教材编写经验，能够将中职教学的规律和学生理解知识、掌握技能的特点充分体现在教材中。

为了方便教学，我们免费为选用本套教材的老师提供教学辅助资源。老师可登录人民邮电出版社教学服务与资源网（http://www.ptpedu.com.cn）下载资料。

我们衷心希望本套教材的出版能促进目前中等职业学校的教学工作，并希望得到职业教育专家和广大师生的批评与指正，以期通过逐步调整、完善和补充，使之更符合中职教学实际。

欢迎广大读者来电来函。

电子函件地址：lihaitao@ptpress.com.cn, wangping@ptpress.com.cn

读者服务热线：010-67170985

前　言

　　随着当前微电子高新技术的迅速发展，工业自动化的程度大幅度提高，其中以可编程序控制器为核心的自动化系统已在国内外广泛应用于钢铁、石油、化工、电力、建材、机械制造、汽车、轻纺、交通运输、环保、文化娱乐等各个行业。职业学校可编程序控制器技术与应用课程的教学存在的主要问题是传统的教学内容及教学模式已无法适应现代可编程序控制技术的发展，本书尝试打破原来的学科知识体系，采用基于工作过程导向构建技能培训体系，以工业项目为载体，以工业过程为流程构建教材体系，充分体现自主学习模式和"够用为度"的宗旨。

　　本书是依据行业职业技能鉴定规范，并参考了现代工业企业的生产技术文件编写的。本书的内容将可编程序控制器技术常用知识技能分散在各个项目中介绍，以"够用为度"为原则，主要介绍常用可编程控制器的基础知识、系统构成、常用基本指令及应用、常用功能指令及应用、常用高级指令及应用以及简单的编程技巧与方法。通过本课程学习将使学生具备以可编程序控制器为控制核心实施解决常用工业项目的基本技能，帮助学生掌握应用可编程序控制器技术实现自动化控制技术方案、硬件系统设计及软件程序设计的方法。

　　本书以项目为载体，以工作过程的 6 大步骤——资讯、决策、计划、实施、检查、评价为主线构建教材项目体系，所涉及的项目均为工业领域的常见工程，项目难度由浅入深，力求体现现代职业教育理念。书中的实用资料可以根据学生的实际能力水平作为自主学习的材料；书中的实践操作需要学生自主动手完成；书中的应用练习是对项目任务的进一步训练；书中的项目工作页则是学生在工作过程中的指导性文件，要求学生边做边填写。

　　本课程的教学时数为 62 学时，各项目的参考教学课时见以下的课时分配表。

项　　目	课 程 内 容	课 时 分 配	
		讲　授	实 践 训 练
项目 1	电动机单向点动运行 PLC 控制	5	3
项目 2	电动机单向连续运行 PLC 控制	5	5
项目 3	电动机正反转连续运行 PLC 控制	1	5
项目 4	电动机正反转两地启停 PLC 控制	1	2
项目 5	工作台自动往复运行 PLC 控制	1	2
项目 6	声光报警 PLC 控制系统	1	3
项目 7	电动机顺序启停 PLC 控制	1	2
项目 8	优先抢答器 PLC 控制	1	2
项目 9	电动机减压启动 PLC 控制	4	4
项目 10	电动机制动 PLC 控制	1	3
项目 11	车库门控制系统	1	4
项目 12	圆盘计数 PLC 控制	1	4
课 时 总 计		23	39

本书由于晓云、许连阁任主编，其中项目 1～项目 9 由于晓云编写，项目 10～项目 12 由许连阁编写。本书的编写还得到赵景辉、王成安、缴瑞山的指导，并得到郭海林大力帮助，在此一并表示感谢。

　　由于编者水平有限，书中难免存在错误和不妥之处，恳请广大读者批评指正。

编者

2010 年 2 月

目　录

绪　　论

　　目前，PLC 在国内外已广泛应用于钢铁、石油、化工、电力、建材、机械制造、汽车、轻纺、交通运输、环保及文化娱乐等各个行业，既可用于单台设备的控制，也可用于多机群控及自动化流水线，如注塑机、印刷机、订书机械、组合机床、磨床、包装生产线、电镀流水线等，也广泛用于各种机械、机床、机器人、电梯等场合，同时在冶金、化工、热处理、锅炉控制等场合有非常广泛的应用。

　　由此可见，PLC 在工业控制领域发挥着极其重要的作用，可以完成非常复杂的任务。下面，就让我们从最典型、最简单的应用开始，来慢慢地接近并熟悉这个神奇的控制核心。

　　首先，我们应该了解关于 PLC 的以下内容：

　　（1）什么是 PLC；

　　（2）PLC 到底是什么东西，它的本质是什么；

　　（3）PLC 长什么样子，常用的 PLC 有哪些；

　　（4）PLC 有什么特点；

　　（5）PLC 能做些什么；

　　（6）PLC 的规格型号；

　　（7）PLC 的编程语言有哪些；

　　（8）PLC 编程软件如何操作。

了解可编程序控制器

1. 什么是 PLC

　　可编程序控制器（Programmable Controller，PC）经历了可编程序矩阵控制器（PMC）、可编程序顺序控制器（PSC）、可编程序逻辑控制器（Programmable Logic Controller，PLC）和可编程序控制器（PC）几个不同时期。为与个人计算机（PC）相区别，现在仍然沿用可编程序逻辑控制器这个老名字。

　　1987 年国际电工委员会（International Electrotechnical Committee）颁布的 PLC 标准草案中对 PLC 做了如下定义。

　　"PLC 是一种专门为在工业环境下应用而设计的数字运算操作的电子装置。它采用可以编制程序的存储器，用来在其内部存储执行逻辑运算、顺序运算、计时、计数和算术运算等操作的指令，并能通过数字式或模拟式的输入和输出，控制各种类型的机械或生产过程。PLC 及其有关的外围设备都应该按易于与工业控制系统形成一个整体，易于扩展其功能的原则而设计。"

2．PLC 的本质

从 PLC 的定义可知，PLC 实际上就是一种工业控制计算机，它比一般的计算机具有更强的与工业过程相连接的接口和更直接的适应于控制要求的编程语言。因此，PLC 与计算机控制系统的组成十分相似，也是由中央处理单元（CPU）、存储器、输入/输出（I/O）接口、I/O扩展接口、外部设备接口、编程器、电源等组成，如图 0.1 所示。

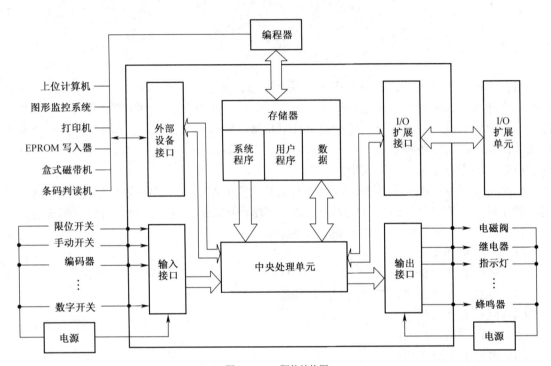

图 0.1　PLC 硬件结构图

PLC 各组成部分的作用如下。

（1）中央处理单元（CPU）。

CPU 是整个 PLC 系统的核心，PLC 中所采用的 CPU 随机型不同而有所不同，通常有 3种：通用微处理器（如 Z80、8086、80286 等），单片微处理芯片（如 8031、8096 等），位片式微处理器（如 AMD29W 等）。在小型 PLC 中，大多采用 8 位通用微处理器和单片微处理器芯片；在中型 PLC 中，大多采用 16 位通用微处理器或单片微处理器芯片；在大型 PLC 中，大多采用高速位片式微处理器。

目前，小型 PLC 为单 CPU 系统，而中型和大型 PLC 常采用双 CPU，甚至最多用到 8 个CPU。对于双 CPU 系统，一般一个是字处理器，一个是位处理器。字处理器执行编程器接口功能，监视内部定时器，监视扫描时间，处理字节指令以及对系统总线和位处理器进行控制等。位处理器也称布尔处理器，是由各厂家设计制造的专用芯片，它不仅使 PLC 增加了功能，提高了速度，也加强了 PLC 的保密性能。PLC 中位处理器的主要作用有两个：一个是直接处理一些位指令，从而提高了位指令的处理速度，减少了位指令对字处理器的压力；二是将 PLC的面向工程技术人员的语言（如梯形图）转换成机器语言。

在 PLC 控制系统中，CPU 按 PLC 系统程序赋予的功能，指挥 PLC 有条不紊地进行工作，其主要作用有以下几个。

① 接收并存储从编程器输入的用户程序和数据。

② 诊断电源、PLC 内部电路的工作故障和编程中的语法错误等。

③ 通过 I/O 部件接收现场的状态或数据并存入输入映像寄存器或数据寄存器中。

④ PLC 进入运行状态后，从存储器逐条读取用户指令，经过指令解释后按指令规定的任务进行数据传送、逻辑或算术运算等，根据运算的结果，更新有关状态位的状态和输出映像寄存器的内容，再经输出部件实现输出控制、制表打印或数据通信等功能。

（2）存储器。

PLC 的存储器有两种，一种是可进行读/写操作的随机存储器 RAM；另一种为只读存储器 ROM、PROM、EPROM、EEPROM。PLC 中的 RAM 用来存储用户编制的程序或用户数据，存于 RAM 中的程序可随意修改。RAM 通常是 CMOS 型的，耗电很少，为了保证掉电时，不会丢失存储的各种信息，可用锂电池或用大电容做备用电源。当用户程序确定不变后，可将其固化在只读存储器中。现在许多 PLC 直接采用 EEPROM 作为用户程序存储器。PLC 的系统程序由 PLC 生产厂家设计提供，出厂时已固化在各种只读存储器中，不能由用户直接读取、修改。因此，在 PLC 产品样本或使用手册中所列的存储器形式及容量是对用户存储器而言的。

PLC 中已提供了一定容量的存储器供用户使用，若不够用，大多数 PLC 还提供了存储器扩展功能。

（3）输入/输出（I/O）接口。

输入/输出接口是 PLC 与工业生产现场被控对象之间的连接部件。输入/输出接口有数字量（包括开关量）输入/输出和模拟量输入/输出两种形式。数字量输入/输出接口的作用是将外部控制现场的数字信号与 PLC 内部信号的电平相互转换；而模拟量输入/输出接口的作用是将外部控制现场的模拟信号与 PLC 内部的数字信号相互转换。输入/输出接口一般都具有光电隔离和滤波，其作用是把 PLC 与外部电路隔离开，以提高 PLC 的抗干扰能力。

通常 PLC 的开关量输入接口按使用的电源不同有 3 种类型：直流 12～24V 输入接口、交流 100～120V 或 200～240V 输入接口、交/直流（AC/DC）12～24V 输入接口。输入开关可以是无源触点或传感器的集电极开路晶体管。PLC 开关量输出接口按输出开关器件的种类不同常有 3 种形式：一是继电器输出型，CPU 输出时接通或断开继电器的线圈，继电器的触点闭合或断开，通过继电器触点控制外部电路的通断；二是晶体管输出型，通过光耦合使晶体管截止或饱和导通以控制外部电路；三是双向晶闸管输出型，采用的是光触发型双向晶闸管。按照负载使用电源不同，分为直流输出接口、交流输出接口和交/直流输出接口。

下面简单介绍常见的开关量输入/输出接口电路。

① 开关量输入接口。

a. 直流输入接口。直接输入接口原理如图 0.2 所示，由于各个输入端口的输入电路都相同，图中只画出了一个输入接口的输入电路，COM 为它们的公共端子。

当输入端的开关接通时，光耦合器导通，输入信号送入 PLC 内部，同时 LED 输入指示灯亮，指示输入端接通。

b. 交流/直流输入接口。交流/直流输入接口原理图如图 0.3 所示，其内部电路结构与直流输入接口电路基本相同，所不同的是外接电源除直流电源外，还可用 12～24V 交流电源。

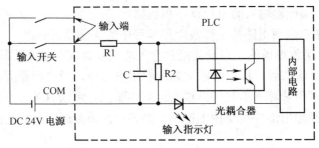

图 0.2 直流输入接口原理图

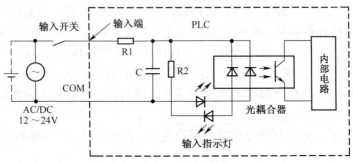

图 0.3 交流/直流输入接口原理图

c．交流输入接口。交流输入接口原理图如图 0.4 所示，为减少高频信号串入，电路中设有高频去耦电路。

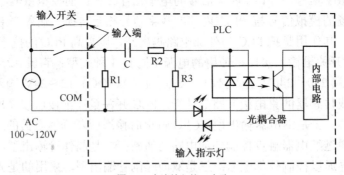

图 0.4 交流输入接口电路

② 开关量输出接口。

在开关量输出接口中，晶体管输出型的接口只能带直流负载，属于直流输出接口。晶闸管输出型的接口只能带交流负载，属于交流输出接口。继电器输出型的接口可带直流负载，也可带交流负载，属于交直流输出接口。

a．直流输出接口（晶体管输出型）。直流输出接口原理图如图 0.5 所示，图中只画出了一个输出端的输出电路，各个输出端所对应的输出电路均相同。

PLC 的输出由用户程序决定。当需要某一输出端产生输出时，由 CPU 控制，将输出信号经光电耦合器输出，使晶体管导通，相应的负载接通，同时输出指示灯亮，指示该路输出端有输出。负载所需直流电源由用户提供。

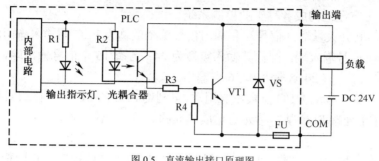

图 0.5　直流输出接口原理图

b. 交流输出接口（晶闸管输出型）。交流输出接口原理图如图 0.6 所示，图中只画出了一个输出端的输出电路。在输出回路中设有阻容过压保护和浪涌吸收器，可承受严重的瞬时干扰。

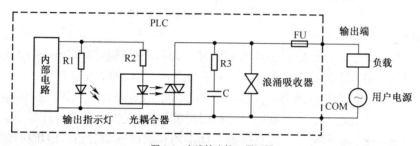

图 0.6　交流输出接口原理图

当需要某一输出端产生输出时，由 CPU 控制，将输出信号经光耦合器使输出回路中的双向晶闸管导通，相应的负载接通，同时输出指示灯亮，指示该路输出端有输出。负载所需交流电源由用户提供。

c. 交/直流输出接口电路（继电器输出型）。交/直流输出接口原理图如图 0.7 所示，当需要某一输出端产生输出时，由 CPU 控制，将输出信号输出，接通输出继电器线圈，输出继电器的触点闭合，使外部负载电路接通，同时输出指示灯亮，指示该路输出端有输出。负载所需交直流电源由用户提供。

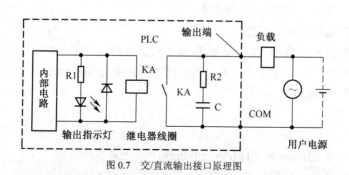

图 0.7　交/直流输出接口原理图

上面介绍了几种开关量的输入/输出接口电路。由于 PLC 种类很多，各 PLC 生产厂家采用的输入/输出接口电路会有所不同，但基本原理大同小异，相差不大。

为了满足工业上更加复杂的控制需要，PLC 还配有许多智能 I/O 接口，如为满足位置调节需要配有位置闭环控制模块；为了对高频脉冲计数和处理配有高速计数模块等。通过智能 I/O 接口，用户可方便地构成各种工业控制系统。

在 PLC 中，其开关量输入信号端和输出信号端个数称为 PLC 的输入/输出（I/O）点数。如：PLC 有 24 个信号输入端，则称其输入点数为 24；若有 16 个信号输出端，则称其输出点数为 16，也称此 PLC 有 24 点输入和 16 点输出。

当一个 PLC 基本单元的 I/O 点数不够用时，可利用 PLC 的 I/O 扩展接口对系统进行扩展，扩展接口就是用于连接 PLC 基本单元与扩展单元的。

③ 通信接口。

PLC 还配有各种通信接口，PLC 通过这些通信接口可与监视器、打印机、其他的 PLC 或计算机相连。PLC 与打印机相连可将过程信息、系统参数等输出打印。当与监视器相连时可将控制过程图像显示出来。当 PLC 与 PLC 相连时，可组成多机系统或连成网络，实现更大规模控制。当 PLC 与计算机相连时，可组成多级控制系统，实现控制与管理相结合的综合系统。

（4）编程器。

编程器主要由键盘、显示器、工作方式选择开关和外存储器插口等部件组成。编程器的作用是用来编写、输入、调试用户程序，也可在线监视 PLC 的工作状况。

编程器有简易型和智能型两类。简易型编程器只能联机编程，且往往需将梯形图转化为机器语言助记符后才能送入。智能编程器又称图形编程器，它既可联机编程，又可脱机编程，具有 LCD 或 CRT 图形显示功能，可直接输入梯形图和通过屏幕对话，但价格较贵。

简易型编程器和智能型编程器都属于专用编程器，即为某一生产厂家或某一系列的 PLC 专用的。

现在也可在个人计算机上添加适当的硬件接口，利用生产厂家提供的编程软件包就可将计算机作为编程器使用，而且还可在计算机上实现模拟调试。

（5）电源。

PLC 的工作电源一般为单向交流电源（通常为交流 110/220V），也有的用直流 24V 供电。PLC 对电源的稳定度要求不高，一般允许电源电压在额定值±15%的范围内波动。PLC 中都有一个稳压电源。有的 PLC，特别是大中型 PLC，备有电源模块；有些 PLC 电源部分还提供 24VDC 稳压输出，用于对外部传感器供电。

3．常用 PLC 品牌及规格类型

目前市场使用比较普遍的 PLC 品牌有日本松下（PANASONIC）、欧姆龙（OMRON）、三菱（MITSUBISHI）以及德国西门子（SIEMENS）。下面简单地介绍常用的型号。

（1）松下（PANASONIC）。

① FP0 超小型。

产品特点：

超小型尺寸，宽 25mm×高 90 mm×长 60mm；

轻松扩展，扩展单元可直接连接到控制单元上、不需任何电缆；

从 I/O 10 点到最大 I/O 128 点的选择空间；

拥有广泛的应用领域。

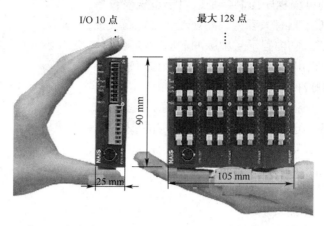

② 松下电工 FP1 系列可编程序控制器。

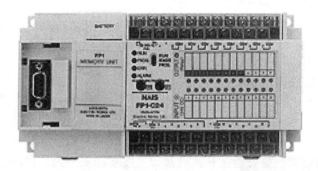

FP1 系列是一种体积小巧，功能齐全的一体型 PLC，它的功能特点有：

CPU 运行速度 1.6 微秒/步；

程序容量高达 2 700 步/500 步；

最多可控制 152 点加 4 通道 A/D，4 通道 D/A；

主机有 14、16、24、40、56、72 点 6 种，还有 8、16、24、40 点 4 种扩展单元；

主机上配有 RS232C 通信口及机内时钟；

通过 C-NET 网络模块可方便地将最多 32 台 PLC 联成网络，距离达 1.2km。

③ 松下电工 FP2/FP2SH。

产品特点：

集多功能于一体，结构紧凑，体积仅有宽 140mm×高 100mm×长 110mm（5 个模块时）；

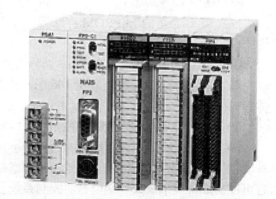

带有高级通信接口用于远程监控和可通过调制解调器进行维护；

CPU 单元通过 RS232 口可直接与人机界面相连；

提供多种高功能单元,可实现模拟量控制、联网和位置控制。

④ 松下电工 FPX。

最新 FPX 系列可编程序控制器是适用于小规模设备控制的小型通用 PLC，具有大容量、高处理速度、高安全性及可扩展性的优点。它内置了 4 轴脉冲输出功能（晶体管输出型）。晶体管输出型产品将在 C14 中为 3 轴、在C30/C60 中为 4 轴的脉冲输出功能内置于控制单元本体中。以往 PLC 中必须使用高级机种或位控专用单元，或使用 2 台以上多轴控制设备，但 FPX 晶体管输出型产品基本上只使用 1 台单元设备，既可节省空间、又能降低成本。此外

与继电器输出型产品相比，由于不再使用脉冲输出扩展插件，可以更多地使用通信及模拟量输入等其他功能，使用范围更大。

（2）三菱（MITSUBISHI）。

① FX1S 系列可编程序控制器。

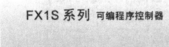

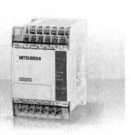

F1 系列 PLC 是日本三菱公司在 F 系列基础上发展起来的第二代产品，属于整体式结构。共有 3 种不同的单元：即基本单元、扩展单元和特殊单元。基本单元内有微处理器（CPU）、存储器和输入/输出接口电路等。每个控制系统必有一台基本单元。如果要增加 I/O 点数，可连接扩展单元，如果要增加控制功能，则可连接相应的特殊单元，如高速计数单元、位置控制单元、模拟量单元等。

其中 FX1S 系列是三菱电动机最微型的可编程序控制器，适用于小规模控制的基本型机器，具有小型且高性能的特点，可以扩展通信功能，有 MT 晶体管和 MR 继电器输出。

产品特点：

控制规模 10～30 点；

内置 2KB 容量的 EEPROM 存储器，无需电池，免维护；

CPU 运算处理速度为 0.55～0.7 微秒/基本指令；

基本单元内置 2 轴独立最高 100kHz 定位功能（晶体管输出型）。

② 三菱 FX1N 系列可编程序控制器。

FX1N 系列 PLC 是三菱推出的适合于小规模控制的基本型机器，可以扩展输入输出的端子排型标准机器，它可以构成带模拟量或者通信等的控制系统。

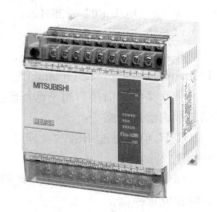

产品特点：

控制规模 14～128 点；

CPU 运算处理速度 0.55～0.7 微秒/基本指令；

在 FX1N 系列右侧可连接输入输出扩展模块和特殊功能模块；

基本单元内置 2 轴独立最高 100kHz 定位功能（晶体管输出型）；

内置 8KB 的 EEPROM 存储器，无需电池，免维护。

③ 三菱 FX2N 系列可编程序控制器。

FX2N 系列 PLC 是三菱推出的端子排型高性能标准规格机器，具有高速、高功能等基本性能，适用于从普通顺控开始的广泛领域。

④ 三菱 FX3U 第三代微型可编程序控制器。

FX3U 是三菱推出的第三代微型可编程序控制器，它是在速度、容量、性能、功能都达到了业界最高水准的高性能机器。它内置了业界最高水平的高速处理及定位等功能，并在性能上进行了大幅度的提升。

产品特点：

第三代微型可编程序控制器；

内置高达 64KB 大容量的 RAM 存储器；

内置业界最高水平的高速处理 0.065 微秒/基本指令；

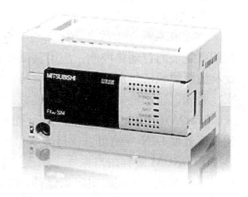

控制规模 16～384（包括 CC-LINK I/O）点；

内置独立 3 轴 100kHz 定位功能（晶体管输出型）；

基本单元左侧均可以连接功能强大简便易用的专用适配器。

（3）德国西门子（SIEMENS）。

德国西门子（SIEMENS）公司生产的可编程序控制器在我国的应用也相当广泛，在冶金、化工、印刷生产线等领域都有应用。西门子公司的 PLC 产品包括 LOGO，S7-200，S7-300 以及 S7-400。

西门子 S7 系列 PLC 体积小、速度快、标准化，具有网络通信能力，功能更强，可靠性更高。S7 系列 PLC 产品可分为微型 PLC（如 S7-200），小规模性能要求的 PLC（如 S7-300）和中、高性能要求的 PLC（如 S7-400）等。

① SIMATIC S7-200 系列。

SIMATIC S7-200 系列 PLC 适用于各行各业，各种场合中的检测、监测及控制的自动化。

S7-200 系列的强大功能使其无论在独立运行中，还是相连成网络皆能实现复杂控制功能。因此 S7-200 系列具有极高的性价比。

S7-200 系列出色表现在以下几个方面。

极高的可靠性。

极丰富的指令集。

易于掌握。

便捷的操作。

丰富的内置集成功能。

实时特性。

强劲的通信能力。

丰富的扩展模块。

S7-200 系列在集散自动化系统中充分发挥其强大功能。使用范围从替代继电器的简单控制到更复杂的自动化控制。应用领域极为广泛，覆盖所有与自动检测，自动化控制有关的工业及民用领域，包括各种机床、机械、电力设施、民用设施、环境保护设备等，如：冲压机床、磨床、印刷机械、橡胶化工机械、中央空调、电梯控制、运动系统。

SIMATIC 牢固紧凑的塑料外壳易于接线，操作员控制及显示元件带前面罩保护，通过安装孔或标准 DIN 导轨可以垂直或水平地安装在机柜上。端子排作为固定的接线配件选用。在内部 EEPROM 储存用户原程序和预设值。另外，在一个较长时间段（典型 190h），所有中间数据可以通过一个超级电容器保持，如果选配电池模块可以确保停电后中间数据能保存 200d（典型值）。

S7-200 系列 PLC 可提供 4 个不同基本型号的 8 种 CPU。CPU 单元设计集成的 24V 负载电源可直接连接到传感器和变送器（执行器）。

a. S7-221 型。

集成 6 输入/4 输出共 10 个数字量 I/O 点，无 I/O 扩展能力，有 6KB 程序和数据存储空间，4 个独立的 30kHz 高速计数器，2 路独立的 20kHz 高速脉冲输出，1 个 RS485 通信/编程口，具有 PPI 通信协议、MPI 通信协议和自由方式通信能力，非常适合于小点数控制的微型控制器。

b. S7-222 型。

集成 8 输入/6 输出共 14 个数字量 I/O 点，可连接 2 个扩展模块，有 6KB 程序和数据存储空间，4 个独立的 30kHz 高速计数器，2 路独立的 20kHz 高速脉冲输出，1 个 RS485 通信/编程口，具有 PPI 通信协议、MPI 通信协议和自由方式通信能力，非常适合于小点数控制的微型控制器。

c. S7-224 型。

集成 14 输入/10 输出共 24 个数字量 I/O 点，可连接 7 个扩展模块，最大扩展至 168 路数字量 I/O 点或 35 路模拟量 I/O 点，有 13KB 程序和数据存储空间，6 个独立的 30kHz 高速计数器，2 路独立的 20kHz 高速脉冲输出，具有 PID 控制器，1 个 RS485 通信/编程口，具有 PPI 通信协议、MPI 通信协议和自由方式通信能力，I/O 端子排可很容易地整体拆卸，是具有较强控制能力的控制器。

d. S7-224XP 型。

集成 14 输入/10 输出共 24 个数字量 I/O 点，2 输入/1 输出共 3 个模拟量 I/O 点，可连接 7 个扩展模块，最大扩展值至 168 路数字量 I/O 点或 38 路模拟量 I/O 点，有 20KB 程序和数据存储空间，6 个独立的 100kHz 高速计数器，2 个 100kHz 的高速脉冲输出，2 个 RS485 通信/编程口，具有 PPI 通信协议、MPI 通信协议和自由方式通信能力。本机还新增多种功能，如内置模拟量 I/O，位控特性，自整定 PID 功能，线性斜坡脉冲指令，诊断 LED，数据记录及配方功能等，是具有模拟量 I/O 和强大控制能力的新型 CPU。

e. S7-226 型。

集成 24 输入/16 输出共 40 个数字量 I/O 点，可连接 7 个扩展模块，最大扩展至 248 路数字量 I/O 点或 35 路模拟量 I/O 点，有 13KB 程序和数据存储空间，6 个独立的 30kHz 高速计数器，2 路独立的 20kHz 高速脉冲输出，具有 PID 控制器，2 个 RS485 通信/编程口，具有 PPI 通信协议、MPI 通信协议和自由方式通信能力。I/O 端子排可很容易地整体拆卸。本机用于较高要求的控制系统，具有更多的输入/输出点，更强的模块扩展能力，更快的运行速度和功能更强的内部集成特殊功能，可完全适应于一些复杂的中小型控制系统。

② SIMATIC S7-1200 小型可编程序控制器。

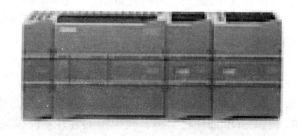

SIMATIC 家族的新成员集成 PROFINET 接口，具有卓越的灵活性和可扩展性，同时集成高级功能，如高速计数、脉冲输出、运动控制等。编程软件 STEP 7 Basic V10.5 与其完美整合的小型可编程序控制器和 KTP 精简系列形成统一工程系统，为小型自动化领域紧凑、复杂的任务提供了整体解决方案。SIMATIC 系列控制器诞生于 1958 年，历经 50 余年锤炼，已成为全球冶金、交通、环保、市政等各领域均有广泛应用的自动化控制器产品。

SIMATIC S7-1200 小型可编程序控制器充分满足中小型自动化的系统需求。在研发过程中充分考虑了系统、控制器、人机界面和软件的无缝整合和高效协调的需求。

SIMATIC S7-1200 集成了 PROFINET 接口，使得编程、调试过程以及控制器和人机界面的通信可以全面地使用 PROFINET工业互联网技术，并对现有的 PROFIBUS 系统的升级提供了很好的支持。同时，SIMATIC S7-1200 小型控制器的设计具备可扩展性和灵活性，使其能够精确完成自动化任务对控制器的复杂要求。CPU 本体可以通过嵌入输入/输出信号板完成灵活扩展。"信号板"是 S7-1200 的一大亮点，信号板嵌入在 CPU 模块的前端，可以提供两个数字量输入/数字量输出接口或者一个模拟量输出。这一特点使得系统设计紧凑，配置灵活。同时通过独立的 RS-232 或 RS-485 通信模块可实现 S7-1200 通信灵活扩展。

SIMATIC S7-1200 系列的问世是西门子在原有产品系列基础上拓展的产品版图，代表了未来小型可编程序控制器的发展方向。

③ SIMATIC S7-300 系列可编程序控制器。

SIMATIC S7-300 是更精致、更玲珑的小型 CPU，并且显著降低成本。虽然体积小，但性能齐全，全集成的通信接口、各种功能和分布式 I/O，无需安装其他组件，运行成本将微乎其微，如果再将项目数据保存在 CPU 中，无电池运行，无需维护。全新 4 MB SIMATIC 存储卡，读写数据、测量值归档，轻而易举，结构更紧凑，运行时间更短。全新 CPU，指令运行时间更短，机器运行速度更快，生产效率更高，提供 3 种灵巧款式任选：16KB CPU 312C，32KB CPU 313C 或 48KB CPU 314C。

产品特点如下。

a. 模块化中小型 PLC 系统，能满足中等性能要求的应用，它具有功能非常强劲的中央处理单元（CPU），各种 CPU 有各种不同的性能，例如，有的 CPU 上集成有输入/输出点，有的 CPU 上集成有 PROFIBUSDP 通信接口等。大范围的各种功能模块可以非常好地满足和适应自动控制任务，信号模块（SM）用于数字量和模拟量输入/输出；通信处理器（CP）用于连接网络和点对点连接；功能模块（FM）用于高速计数，定位操作和闭环控制。由于简单实用的分散式结构和多界面网络能力，使得 PLC 的应用十分灵活。

b．SIMATIC S7-300 可编程序控制器是模块化结构设计，各种单独的模块之间可进行广泛组合以用于扩展。当控制任务增加时，可自由扩展。根据客户要求，还可以提供以下设备：负载电源模块（PS）用于将 SIMATIC S7-300 连接到 120/230V AC 电源；接口模块（IM）用于多机架配置时连接主机架（CR）和扩展机架（ER）；S7-300 通过分布式的主机架（CR）和 3 个扩展机架（ER），可以操作多达 32 个模块。

c．简易的无风扇设计，CPU 运行时无需风扇。

d．SIMATIC S7-300 适用于通用领域，具有高电磁兼容性和强抗振动、冲击性，使其具有最高的工业环境适应性。它具有两种类型：标准型，温度范围为 0℃～60℃；环境条件扩展型，温度范围为−25℃～60℃，具有更强的耐受振动和污染特性。

e．简单的结构使得 S7-300 灵活而易于维护，安装时只需简单地将模块钩在 DIN 标准导轨上，转动到位，然后用螺栓锁紧；背板总线集成在模块上，模块通过总线连接器相连，总线连接器插在机壳的背后；更换模块简单并且不会弄错，更换模块时，只需松开安装螺钉，很简单地拔下已经接线的前连接器，在连接器上的编码防止将已接线的连接器插到其他的模块上；可靠的接线端子，对于信号模块可以使用螺钉型接线端子或弹簧型接线端子，TOP 连接采用一个带螺钉或夹紧连接的 1 至 3 线系统进行预接线，或者直接在信号模块上进行接线；确定的安装深度，所有的端子和连接器都在模块上的凹槽内，并有端盖保护，因此所有的模块都有相同的安装深度；没有槽位的限制，信号模块和通信处理模块可以不受限制地插到任何一个槽上，系统自行组态。

f．如果用户的自控系统任务需要多于 8 个信号模块或通信处理器模块时，则可以扩展 S7-300 机架（CPU314 以上）；在 4 个机架上最多可安装 32 个模块，最多 3 个扩展机架（ER）可以接到中央机架（CR）上，每个机架（CR/ER）可以插入 8 个模块；通过接口模块连接，每个机架上（CR/ER）都有它自己的接口模块。它总是插在 CPU 旁边的槽内，负责与其他扩展机架自动地进行通信。通过 IM365 扩展可扩展 1 个机架，最长 1m，电源也是由此扩展提供；通过 IM360/361 扩展可扩展 3 个机架，中央机架（CR）到扩展机架（ER）及扩展机架之间的距离最大为 10m。独立安装，每个机架可以距离其他机架很远进行安装，两个机架间（主机架与扩展机架，扩展机架与扩展机架）的距离最长为 10m。灵活布置机架（CR/ER），可以根据最佳布局需要，水平或垂直安装。

g．SIMATIC S7-300 的大量功能支持和帮助用户进行编程、启动和维护。其高速的指令处理（0.6～0.1μs 的指令处理时间）在中等到较低的性能要求范围内开辟了全新的应用领域；其浮点数运算可以有效地实现更为复杂的算术运算，方便用户的参数赋值，它的带标准用户接口的软件工具给所有模块进行参数赋值。

h．其人机界面服务已经集成在 S7-300 操作系统内，因此对人机对话的编程要求大大减少。SIMATIC 人机界面（HMI）从 S7-300 中提取数据，S7-300 按用户指定的刷新速度传送这些数据，S7-300 操作系统自动地处理数据的传送。

i．CPU 的智能化诊断系统连续监控系统的功能是否正常、记录错误和特殊系统事件。

j．多级口令保护可以使用户高度、有效地保护其技术机密，防止未经允许的复制和修改。

k．操作方式选择开关。操作方式选择开关像钥匙一样可以拔出，当钥匙拔出时，就不能改变操作方式。这样就防止了非法删除或改写用户程序。

④ S7-400 系列西门子可编程序控制器。

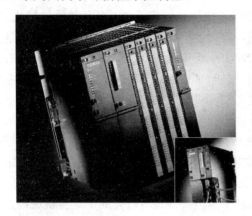

a. S7-400 是一款功能强大的 PLC，适用于中高性能控制领域，其 CPU 处理速度高，比同型号整体提高 3～70 倍，417 型 CPU 最快高达 0.03μs/bit 指令。执行复杂数学运算的速度最高提高到原来的 70 倍。

b. CPU 的工作内存高达 20 MB，S7 定时器和计数器个数达到 2 048 个。CPU 通信性能很强，等时模式工作中循环周期短，特别是与驱动装置的通信能力非常强，数据传输速率高，垂直集成通信及 PLC-PLC 的通信响应时间缩短一半。硬件冗余 CPU 同步速率快，同步光缆最高可达 10km，用于满足最复杂的任务要求。

c. 功能分级的 CPU 以及种类齐全的模板，总能为自动化任务找到最佳的解决方案。

d. 实现分布式系统和扩展通信能力都很简便，组成系统灵活自如。

e. 用户友好性强，操作简单，免风扇设计。

f. 随着应用的扩大，系统扩展无任何问题。

g. S7-400 自动化系统采用模块化设计。它所具有的模板扩展和配置功能使其能够按照每个不同的需求灵活组合。有多种 CPU 可供用户选择，有些带有内置的 PROFIBUSDP 接口，用于各种性能范围。一个中央控制器可包括多个 CPU，以加强其性能。各种信号模板（SM）用于数字量输入和输出（DI/DO）以及模拟量的输入和输出（AI/AO），其通信模板（CP）用于总线连接和点到点的连接。提供各种功能模板（FM）专门用于计数、定位、凸轮控制等任务。根据用户需要还提供接口模板（IM），用于连接中央控制单元和扩展单元；SIMATIC S7-400 中央控制器最多能连接 21 个扩展单元；SIMATIC S5 模板，SIMATIC S5-155U，135U 和 155U 的所有 I/O 模板都可和相应的 SIMATIC S5 扩展单元一起使用，另外，专用的 IP 和 WF 模板可用于 S5 扩展单元，也可直接用于中央控制器（通过适配器盒）。SIMATIC S7-400 是一种通用控制器，由于有很高的电磁兼容性和抗冲击、耐振动性能，因而能最大限度地满足各种工业标准。模板能带电插、拔。另外 S7-400 在编程、启动和服务方面有众多特点：高速指令处理；用户友好的参数设置；用户友好的操作员控制和监视功能（HMI）已集成在 SIMATIC 的操作系统中；CPU 的诊断功能和自测试智能诊断系统连续地监视系统功能并记录错误和系统的特殊事件；口令保护以及模式选择开关。

（4）欧姆龙（OMRON）。

① SYSMAC CPM1A-V1 系列可编程序控制器。

用于小型设备、小点数配电箱的省空间化经济型微型 PLC 的标准机型，小型机种包含了 CPU 为 AC 电源、DC 电源、继电器输出、晶体管输出的 4 种不同型号。电源、输出 I/O 点数等按需要选择使用。

② SYSMAC CPM2A 系列可编程序控制器。

产品特点：

高速计数器能方便地测量高速运动的加工件；

同步脉冲控制提供方便的脉冲比例调整；

带高速扫描和高速中断的高速处理；

可方便地与 OMRON 的可编程控制终端（PT）相连接；

通过脉冲输出可实现各种基本的位置控制；

可进行分散控制和模拟量控制；

可以使用 CPM1A 的扩展单元。

③ SYSMAC CPM2AH 系列可编程序控制器。

产品特点：

高速计数器能方便地测量高速运动的加工件；

扩展能力增强，最大到 12 通道的模拟量；

带高速扫描和高速中断的高速处理；

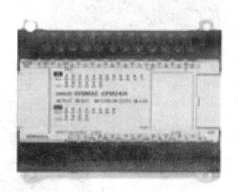

可方便地与 OMRON 的可编程程序终端（PT）相连接，为机器操作提供一个可视化界面；

A/D、D/A 精度大幅度提高，分辨率为 1/6 000；

可进行分散控制和模拟量控制；

通信功能增加，提供内置 RS232C 端口及 RS485 的适配器。

④ SYSMAC CPM2AH-S 系列可编程序控制器。

产品特点：

具有现场总线功能的 CPM2AH:::CPM2AH-S40CDR-A；

内置 Compobus/S 主单元功能；

最大 356 点 I/O；

最大 28 路模拟量 I/O。

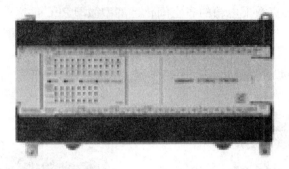

⑤ SYSMAC CPM2C 系列可编程序控制器。

高功能、最大 192 点输入输出、节省了宽度的小机型（与 CPM2A 有相同功能的细长型）在超小型的外表下集合了有效控制机器的多种功能。CPU 具有继电器输出/晶体管输出、端子台链接器连接、时钟功能有无等多种型号（仅限 DC 电源）。可根据现场情况选择输出类型、I/O 点数。另外，通用 8 点/10 点/16 点/20 点/24 点/32 点的扩展 I/O 单元，最多可控制 192 点输入输出。

⑥ SYSMAC CP1E 系列可编程序控制器。

产品特点：

20/30/40 点型 CPU；

标配 USB 口，N 型内置 RS232 口且可扩展至 2 个串口；

强大的定位功能，2 轴高达 100kHz 的脉冲输出；

控制规模 10～160 点；

操作便利，一目了然的 I/O 状态；

浮点运算；

安全密码功能。

⑦ SYSMAC CP1L 系列可编程序控制器。

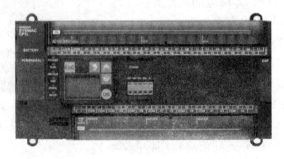

产品特点：

丰富的 CPU 单元（10/14/20/30/40/60 点 RY/TR 型）；

独具变频器简易定位功能；

覆盖小规模机器控制的需求；

最大 180 点 I/O 扩展能力；

最大程序容量 10K 步，最大数据容量 32K 字；

脉冲输出 100kHz×2 轴；

高速计数相位差方式 50kHz×2 轴；

单相 100kHz×4 轴；

最大 2 个串行通信接口（RS232/RS485 任选）；

标准配置 USB 编程接口；

支持 FB/ST 编程；

LCD 选件板提供丰富的显示/监控功能。

⑧ SYSMAC CPM1A 小型高功能可编程序控制器。

产品特点：

处理速度快，基本指令 0.1μs，特殊指令 0.3μs；

I/O 容量最多 7 个扩展单元，开关量最大 320 点，模拟量最大 37 路；

程序容量 20K 步；

数据容量 32KB；

机型类别 1 本体 40 点，24 点输入，16 点输出，继电器输出或晶体管输出可选；

具有多种特殊功能，4 轴脉冲输出，100kHz×2 和 30 kHz×2（X 型和 XA 型），最大 1MHz（Y 型）；4 轴高速计数，单向 100kHz 或相位差 50 kHz×4（X 型和 XA 型），最大 1MHz（Y 型）；内置模拟量 4 输入，2 输出（XA 型）；通信接口最大 2 个串行通信口（RS-232A 或 RS-422/485 任选）；本体附带一个 USB 编程端口，上位链接、无协议通信、NT 链接（1∶N）、串行网关功能、串行 PLC 链接功能；

模拟量输入手动设定，2 位 7 段码发光二极管显示故障信息，支持欧姆龙中型机 CJ1 系列高功能模块（最大 2 块），支持 FB/ST 编程，可以利用欧姆龙的 Smart FB 库，与 CJ1/CS1 系列程序统一，可以互换。

4．PLC 的特点

（1）可靠性高，抗干扰能力强。

传统的继电器控制系统中使用了大量的中间继电器、时间继电器。由于触点接触不良，容易出现故障。PLC 用软件代替大量的中间继电器和时间继电器，仅剩下与输入和输出有关的少量硬件，接线可减少到继电器控制系统的 1/10～1/100，因触点接触不良造成的故障大为减少。

高可靠性是电气控制设备的关键性能。PLC 由于采用现代大规模集成电路技术，采用严格的生产工艺制造，内部电路采取了先进的抗干扰技术，具有很高的可靠性。从 PLC 的机外电路来说，使用 PLC 构成控制系统，和同等规模的继电接触器系统相比，电气接线及开关接点已减少到数百甚至数千分之一，故障也就大大降低。此外，PLC 带有硬件故障自我检测功能，出现故障时可及时发出警报信息。在应用软件中，应用者还可以编入外围器件的故障自诊断程序，使系统中除 PLC 以外的电路及设备也获得故障自诊断保护。这样，整个系统就具有极高的可靠性。

（2）硬件配套齐全，功能完善，适用性强。

PLC 发展到今天，已经形成了大、中、小各种规模的系列化产品，并且已经标准化、系列化、模块化，配备有品种齐全的各种硬件装置供用户选用，用户能灵活方便地进行系统配置，组成不同功能、不同规模的系统。PLC 的安装接线也很方便，一般用接线端子连接外部接线。PLC 有较强的带负载能力，可直接驱动一般的电磁阀和交流接触器，可以用于各种规模的工业控制场合。除了逻辑处理功能以外，现代 PLC 大多具有完善的数据运算能力，可用于各种数字控制领域。近年来 PLC 的功能单元大量涌现，使 PLC 渗透到了位置控制、温度控制、CNC 等各种工业控制中。加上 PLC 通信能力的增强及人机界面技术的发展，使用 PLC 组成各种控制系统变得非常容易。

（3）易学易用，深受工程技术人员欢迎。

PLC 作为通用工业控制计算机，是面向工矿企业的工控设备。它接口容易，编程语言易于为工程技术人员接受。梯形图语言的图形符号与表达方式和继电器电路图相当接近，只用 PLC 的少量开关量逻辑控制指令就可以方便地实现继电器电路的功能。为不熟悉电子电路、不懂计算机原理和汇编语言的人使用计算机从事工业控制打开了方便之门。

（4）系统的设计、安装、调试工作量小，维护方便，容易改造。

PLC 的梯形图程序一般采用顺序控制设计法。这种编程方法很有规律，很容易掌握。对于复杂的控制系统，梯形图的设计时间比设计继电器系统电路图的时间要少得多。

PLC 用存储逻辑代替接线逻辑，大大减少了控制设备外部的接线，使控制系统设计及建造的周期大为缩短，同时维护也变得容易起来。更重要的是使同一设备经过改变程序改变生产过程成为可能。这很适合多品种、小批量的生产场合。

（5）体积小，重量轻，能耗低。

以超小型 PLC 为例，新近出产的品种底部尺寸小于 100mm，仅相当于几个继电器的大小，因此可将开关柜的体积缩小到原来的 1/2～1/10。它的重量小于 150g，功耗仅数瓦。由于体积小很容易装入机械内部，是实现机电一体化的理想控制设备。

5. PLC 应用领域

目前，PLC 在国内外已广泛应用于钢铁、石油、化工、电力、建材、机械制造、汽车、轻纺、交通运输、环保及文化娱乐等各个行业，使用情况大致可归纳为如下几类。

（1）开关量的逻辑控制。

这是 PLC 最基本、最广泛的应用领域，它取代传统的继电器电路，实现逻辑控制、顺序控制，既可用于单台设备的控制，也可用于多机群控及自动化流水线，如注塑机、印刷机、订书机械、组合机床、磨床、包装生产线、电镀流水线等。

（2）模拟量控制。

在工业生产过程当中，有许多连续变化的量，如温度、压力、流量、液位和速度等都是模拟量。为了使可编程序控制器处理模拟量，必须实现模拟量（Analog）和数字量（Digital）之间的 A/D 转换及 D/A 转换。PLC 厂家都生产配套的 A/D 和 D/A 转换模块，使可编程序控制器用于模拟量控制。

（3）运动控制。

PLC 可以用于圆周运动或直线运动的控制。从控制机构配置来说，早期直接用于开关量 I/O 模块连接位置传感器和执行机构，现在一般使用专用的运动控制模块，如可驱动步进电动机或伺服电动机的单轴或多轴位置控制模块。世界上各主要 PLC 厂家的产品几乎都有运动控制功能，广泛用于各种机械、机床、机器人、电梯等场合。

（4）过程控制。

过程控制是指对温度、压力、流量等模拟量的闭环控制。作为工业控制计算机，PLC 能编制各种各样的控制算法程序，完成闭环控制。PID 调节是一般闭环控制系统中用得较多的调节方法。大中型 PLC 都有 PID 模块，目前许多小型 PLC 也具有此功能模块。PID 处理一般是运行专用的 PID 子程序。过程控制在冶金、化工、热处理、锅炉控制等场合有非常广泛的应用。

（5）数据处理。

现代 PLC 具有数学运算（含矩阵运算、函数运算、逻辑运算）、数据传送、数据转换、排序、查表、位操作等功能，可以完成数据的采集、分析及处理。这些数据可以与存储在存储器中的参考值比较，完成一定的控制操作，也可以利用通信功能传送到别的智能装置，或将它们打印制表。数据处理一般用于大型控制系统，如无人控制的柔性制造系统；也可用于过程控制系统，如造纸、冶金、食品工业中的一些大型控制系统。

（6）通信及连网。

PLC 通信含 PLC 间的通信及 PLC 与其他智能设备间的通信。随着计算机控制的发展，工厂自动化网络发展得很快，各 PLC 厂商都十分重视 PLC 的通信功能，纷纷推出各自的网络系统。新近生产的 PLC 都具有通信接口，通信非常方便。

6．PLC 软件系统及常用编程语言

（1）PLC 软件系统由系统程序和用户程序两部分组成。系统程序包括监控程序、编译程序、诊断程序等，主要用于管理全机、将程序语言翻译成机器语言，诊断机器故障。系统软件由 PLC 厂家提供并已固化在 EPROM 中，不能直接存取和干预。用户程序是用户根据现场控制要求，用 PLC 的程序语言编制的应用程序（也就是逻辑控制）用来实现各种控制。

（2）PLC 提供的编程语言。

在可编程序控制器中有多种程序设计语言，它们是梯形图语言、布尔助记符语言、功能表图语言、功能模块图语言及结构化语句描述语言等。梯形图语言和布尔助记符语言是基本程序设计语言，它通常由一系列指令组成，用这些指令可以完成大多数简单的控制功能，例如，代替继电器、计数器、计时器完成顺序控制和逻辑控制等，通过扩展或增强指令集，它们也能执行其他的基本操作。功能表图语言和语句描述语言是高级的程序设计语言，它可根据需要去执行更有效的操作，例如，模拟量的控制，数据的操纵，报表的报印和其他基本程序设计语言无法完成的功能。功能模块图语言采用功能模块图的形式，通过软连接的方式完成所要求的控制功能，它不仅在可编程序控制器中得到了广泛的应用，在集散控制系统的编程和组态时也常常被采用，由于它具有连接方便、操作简单、易于掌握等特点，为广大工程设计和应用人员所喜爱。

① 标准语言梯形图语言（LAD）也是我们最常用的一种语言，梯形图程序设计语言是用梯形图的图形符号来描述程序的一种程序设计语言。采用梯形图程序设计语言，程序采用梯形图的形式描述。这种程序设计语言采用因果关系来描述事件发生的条件和结果。每个梯级是一个因果关系。在梯级中，描述事件发生的条件表示在左面，事件发生的结果表示在后面。梯形图程序设计语言是最常用的一种程序设计语言。它来源于继电器逻辑控制系统的描述。在工业过程控制领域，电气技术人员对继电器逻辑控制技术较为熟悉，因此，由这种逻

辑控制技术发展而来的梯形图受到了欢迎，并得到了广泛的应用。

它有以下特点。

a．它是一种图形语言，沿用传统控制图中的继电器触点、线圈、串联等术语和一些图形符号构成，左右的竖线称为左右母线。与电气操作原理图相对应，具有直观性和对应性。

b．梯形图中接点（触点）只有常开和常闭，接点可以是 PLC 输入点接的开关，也可以是 PLC 内部继电器的接点或内部寄存器、计数器等的状态。

c．梯形图中的接点可以任意串、并联，但输出指令线圈只能并联不能串联。很多规则与原有继电器逻辑控制技术相一致，对电气技术人员来说，易于撑握和学习。

d．内部继电器、计数器、寄存器等均不能直接控制外部负载，只能做中间结果供 CPU 内部使用。

e．PLC 是按循环扫描事件，沿梯形图先后顺序执行，在同一扫描周期中的结果留在输出状态暂存器中，所以输出点的值在用户程序中可以当做条件使用。

② 语句表语言（STL），类似于汇编语言，也叫布尔助记符（Boolean Mnemonic）程序设计语言。布尔助记符程序设计语言是用布尔助记符来描述程序的一种程序设计语言。布尔助记符程序设计语言与计算机中的汇编语言非常相似，采用布尔助记符来表示操作功能。

布尔助记符程序设计语言具有下列特点：

a．采用助记符来表示操作功能，具有容易记忆，便于撑握的特点；

b．在编程器的键盘上采用助记符表示，具有便于操作的特点，可在无计算机的场合进行编程设计；

c．与梯形图有一一对应关系，其特点与梯形图语言基本类同。

③ 功能表图程序设计语言（SFC），沿用半导体逻辑框图来表达，一般一个运算框表示一个功能左边画输入、右边画输出。

功能表图程序设计语言是用功能表图来描述程序的一种程序设计语言。它是近年来发展起来的一种程序设计语言。采用功能表图的描述，控制系统被分为若干个子系统，从功能入手，使系统的操作具有明确的含义，便于设计人员和操作人员设计思想的沟通，便于程序的分工设计和检查调试。

功能表图程序设计语言的特点是：

a．以功能为主线，条理清楚，便于对程序操作的理解和沟通；

b．对大型的程序，可分工设计，采用较为灵活的程序结构，可节省程序设计时间和调试时间；

c．常用于系统的规模校大，程序关系较复杂的场合；

d．只有在活动步的命令和操作被执行，对活动步后的转换进行扫描，因此，整个程序的扫描时间较其他程序编制的程序扫描时间要大大缩短。

功能表图来源于 Petri 网，由于它具有图形表达方式，能较简单和清楚地描述并发系统和复杂系统的所有现象，并能对系统中存有的像死锁、不安全等反常现象进行分析和建模，在模型的基础上能直接编程。所以，得到了广泛的应用。近几年推出的可编程序控制器和小型集散控制系统中也已提供了采用功能表图描述语言进行编程的软件。目前，由法国的 AFCET 协会于 1977 年提出的 GRAFCET 语言已成为工业控制中图形语言的欧洲标准，应用广泛。

④ 功能模块图（Function Block）程序设计语言。

功能模块图程序设计语言是采用功能模块来表示模块所具有的功能，不同的功能模块有不同的功能。它有若干个输入端和输出端，通过软连接的方式，分别连接到所需的其他端子，完成所需的控制运算或控制功能。功能模块可以分为不同的类型，在同一种类型中，也可能因功能参数的不同而使功能或应用范围有所差别，例如，输入端的数量、输入信号的类型等的不同使它的使用范围不同。由于采用软连接的方式进行功能模块之间及功能模块与外部端子的连接，因此控制方案的更改、信号连接的替换等操作可以很方便实现。

功能模块图程序设计语言的特点是：

a．以功能模块为单位，从控制功能入手，使控制方案的分析和理解变得容易；

b．功能模块是用图形化的方法描述功能，它的直观性大大方便了设计人员的编程和组态，有较好的易操作性；

c．对控制规模较大、控制关系较复杂的系统，由于控制功能的关系可以较清楚地表达出来，因此，编程和组态时间可以缩短，调试时间也能减少；

d．由于每种功能模块需要占用一定的程序内存，对功能模块的执行需要一定的执行时间，因此，这种设计语言在大中型可编程序控制器和集散控制系统的编程和组态中才被采用。

⑤ 结构化语句（Structured Text）描述程序设计语言。

结构化语句描述程序设计语言是用结构化的描述语句来描述程序的一种程序设计语言。它是一种类似于高级语言的程序设计语言。在大中型的可编程序控制器系统中，常采用结构化语句描述程序设计语言来描述控制系统中各个变量的关系。它也被用于集散控制系统的编程和组态。

结构化语句描述程序设计语言采用计算机的描述语句来描述系统中各种变量之间的各种运算关系，完成所需的功能或操作。大多数制造厂商采用的语句描述程序设计语言与 BASIC 语言、PASCAL 语言或 C 语言等高级语言相类似，但为了应用方便，在语句的表达方法及语句的种类等方面都进行了简化。

结构化程序设计语言具有下列特点：

a．采用高级语言进行编程，可以完成较复杂的控制运算；

b．需要有一定的计算机高级程序设计语言的知识和编程技巧，对编程人员的技能要求较高，普通电气人员无法完成；

c．直观性和易操作性等性能较差；

d．常用于采用功能模块等其他语言较难实现的一些控制功能的实施。部分可编程序控制器的制造厂商为用户提供了简单的结构化程序设计语言，它与助记符程序设计语言相似，对程序的步数有一定的限制，同时，提供了与可编程序控制器间的接口或通信连接程序的编制方式，为用户的应用程序提供了扩展余地。

项目 1 电动机单向点动运行 PLG 控制

【项目内容（资讯）】

我们已经知道什么是 PLC，现在应该学习如何使用 PLC，下面开始学习如何用 PLC 实现三项异步电动机点动运行控制。本项目的任务是：三项异步电动机点动运行控制。

【项目分析（决策）】

点动控制：所谓点动，即按下按钮时电动机运行，松开按钮时电动机停止。点动控制多用于机床刀架、横梁、立柱等快速移动和机床对刀等场合。

大家都学习过电气控制技术，传统的继电器-接触器控制方式若要实现电动机的点动运行控制，必须依靠一些常用的低压电器，并按照一定的逻辑关系连接起来才能实现。如果采用 PLC 实现同样的功能，电动机点动运行控制的主电路是不改变的，而控制部分则依靠 PLC 的程序控制功能完成，一般来说，完成一个工程项目需如下步骤：

（1）设计主电路；
（2）确定输入输出设备；
（3）设计 PLC 输入输出接线图；
（4）进行 PLC 程序设计；

（5）进行系统的调试。

首先先学习一下 PLC 程序调试操作流程，这对于 PLC 程序设计者来说非常重要。

【项目新知识点学习资料】

1.1 PLC 程序调试操作流程

一般来讲，PLC 程序设计及调试通常都会使用各公司产品配套的编程软件，下面以欧姆龙 PLC 为例介绍使用编程软件进行程序调试的操作流程。

应用 CX-Programmer 操作软件编辑程序时，可以采用离线编辑或在线编辑两种方式。

离线方式下计算机不直接与 PLC 联系，即仅由计算机单独动作，上位机不与 PLC 进行通信，由 CX-Programmer 单独进行程序生成或编辑的方式。

在线方式是指联机状态，即计算机与 PLC 在通信的同时进行动作，通过联机通信的方式上传和下载用户程序及数据监控，编辑和修改用户程序，可以直接对 PLC 进行各种操作。

1．从离线编辑状态开始程序编辑及程序调试的操作流程

（1）启动 CX-Programmer 软件。

（2）创建新文件。

（3）选择 PLC 机型。

（4）输入程序。

（5）程序编译（程序转换）。

（6）离线→在线（从离线状态转换成在线状态）。

（7）程序传入 PLC（下载、上传）。

（8）运行程序。

（9）监控程序。

（10）调试程序。

（11）修改程序。

（12）保存程序。

2．从离线编辑状态开始程序编辑及程序调试的操作方法

（1）CX-Programmer 软件的启动。可以使用以下几种方法启动 CX-Programmer。

方法 1：由已创建的快捷键图标启动，双击相应的图标，如图 1.1 所示。

方法 2：由 Windows 的开始菜单栏启动。先单击[开始]按钮，或按 Crtl + Esc 组合键，打开 Windows 开始菜单，从中选择"程序（P）"，再按[OMRON]→[CX-One] →[CX-Programmer]→ [CX-Programmer]的顺序进行，如图 1.2 所示。

（2）创建新文件（选择启动菜单）。用上述方法启动 CX-Programmer 之后，单击新建 （Ctrl+N），画面出现"变更 PLC"对话框，如图 1.3 所示。

设备名称：指这个新程序所要用于哪一个 PLC 的 PLC 编号。

CX-Progr...

图 1.1　快捷键图标

图 1.2　开始菜单栏

设备类型：指 PLC 的型号，本书介绍的是欧姆龙的 CPM1A 型号的 PLC，此选项应选择 CPM1（CPM1A）。后面的设定是指设备类型设置，根据实际的 PLC 的 I/O 点数选择。如果 PLC 的 I/O 点数是 40，那么应选择 CPU40，其余默认即可，如图 1.4 所示。

图 1.3　"变更 PLC"对话框

图 1.4　"设备类型设置"对话框

网络类型：指 PLC 与计算机之间的通信形式，默认即可。

然后单击确定按钮，完成设置。

（3）输入程序。当 PLC 处于离线状态时，编辑程序区域为白色，此时程序状态栏的离线/在线按钮显示离线，如图 1.5 所示。

图 1.5　离线状态

接下来可以输入程序了。

① 在输入程序时，利用鼠标单击或按功能键，选择所需指令或功能，功能键栏如图 1.6 所示。

图 1.6　功能键栏

② 在程序编辑状态下，鼠标白色箭头显示正在输入的指令。

③ 用鼠标左键单击要输入指令的位置，会出现如图 1.7 所示对话框，用键盘键入对应的地址，例如 0.00，然后单击确定按钮。

④ 此时会出现编辑注释对话框，此对话框是用于编辑地址的注释，例如是启动按钮，可直接键入"启动"，如图 1.8 所示。

图 1.7　"新接点"对话框

图 1.8　"编辑注释"对话框

⑤ 输入完毕后单击确定按钮，这样就会在要编辑的位置出现如图 1.9 所示指令。这样一个指令就输入完了。

其他具体的操作，将在具体的实例中详细描述。

（4）编译程序。

① 编译程序概述。在符号梯形图编辑方式下，为了确定有图形所编写的程序，必须进行编译程序。在使用符号

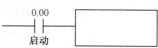

图 1.9　输入完成后的指令

梯形图方式生产或编辑程序时，则应该先进行编译，编译的目的是验证所编写程序有无语法错误。

进行编译程序时，用鼠标单击功能键栏中的 ⬙（Ctrl+F7），或 ⬚（F7）。在程序编译成功之后也可以继续编写及修改程序，在编程工作结束后，集中进行程序转换。

编译程序操作方法如下。

菜单操作法：选择[编程（P）]菜单中的[编译（Ctrl+F7）]。

键盘操作法：按 Ctrl+F7 组合键。

② 应注意的问题。如果程序有错误，则输出窗口会提示有错误，单击输出窗口的错误提示，编辑区域的光标会在错误的位置显示。

（5）离线→在线（从离线状态转换成在线状态）：用鼠标单击在线工具条。程序转换成功后，要由 PLC 配合完成，所以必须把离线状态转换成在线状态。

在线工作与离线工作的切换，可以用鼠标单击菜单栏中的 ⬙ 或用 Ctrl+W 组合键操作。

除菜单操作之外，还有以下几种方法。

键盘操作：Ctrl + W 组合键。

工具栏操作：单击 ⬙ 图标。

此时会提示是否准备连接 PLC，如果 PLC 与计算机已连接正确，则单击确定按钮即可。

当 PLC 处于在线状态时，程序编辑区域的反显色应为灰色。

（6）传入 PLC（下载、上传）。利用 CX-Programmer 生成、编辑的程序传送到 PLC 中，此时要将计算机与 PLC 通过电缆相连接。只有在在线模式下才可以进行下载或上传的操作。向 PLC 传输程序操作步骤如下。

① 向 PLC 传送程序时，利用菜单操作选择[PLC]→[传送（R）]→[到 PLC（T）]，如图 1.10 所示。

② 除菜单操作外，还可以采用以下几种方法。

键盘操作：按 Ctrl + T 组合键。

工具栏操作：单击 图标。

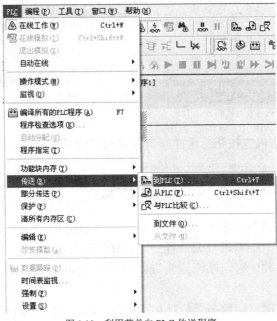

图 1.10　利用菜单向 PLC 传送程序

③ 下载选项：选择程序选项，单击确定按钮。

④ 此时会提示此命令会影响所连接 PLC 的状态，单击"是"即可。

⑤ 确认对话框信息。单击"是"后画面会显示程序下载对话窗，表明程序正在下载，如图 1.11 所示。

当程序下载完毕之后单击确定按钮即可。

（7）运行程序。按照上述步骤下载程序成功后，系统会自动出现如图 1.12 所示的对话框，确认 PLC 动作模式切换，单击[是（Y）]按钮，将 PLC 切换到监视模式。

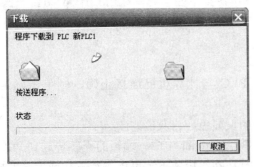

图 1.11　"下载"对话框

图 1.12　确认对话框

（8）程序监控。当结束向 PLC 下载，PLC 切换到监视模式后，画面中的程序状态栏显示切换到监视运行状态，程序部分的显示也将切换到如图 1.13 所示的监控状态。

（9）程序调试。当 PLC 切换到监视模式后，就可以根据输入信号的给定和变化，进行程序的调试。

（10）修改程序。如果程序在调试过程中需要修改，则最好先停止程序运行，将 PLC 切换成编程状态，也可以切换到离线状态，修改后，重复（4）～（7）步，直到程序全部调试通过，功能正确完整。

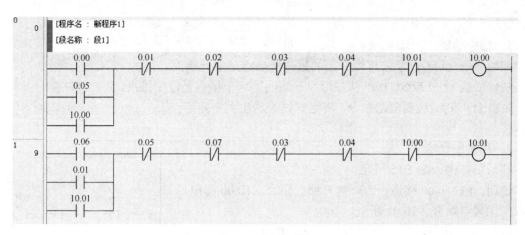

图 1.13 监视梯形图

（11）程序保存。如果程序调试结束，则可以保存程序了，在 CX-Programmer 中是将程序、PLC 的系统寄存器、注释等内容的数据作为一个文件进行保存的。当需要对已经存在的文件进行覆盖保存时，请选择[保存]，而需要初次保存一个新建的程序，或需要将文件重新命名后保存时，请选择[另存为…]。

① 覆盖保存时的操作步骤。进行覆盖保存操作时，请利用菜单操作选择[文件（F）]→[保存（S）]。除菜单操作外，还可以采用以下几各方法。

键盘操作：按 Ctrl + S 组合键。

工具栏操作：单击 图标。

② 文件命名后保存时的操作步骤如下。

a. 选择[另存为…]。进行文件命名保存时，利用菜单操作选择[文件（F）]→[另存为（A）]。

b. 输入文件名。选择[另存为（A）]后，画面中会显示如图 1.14 所示的对话框。

图 1.14 "保存 CX-Programmer 文件"对话框

c. "在文件名（N）"一栏中输入新的文件名，"另存类型（T）"一栏中，保持默认的扩展名[.cxp]，同时选择要保存文件所在的文件夹，然后单击"保存（S）"按钮。

1.2 LD、LD NOT 和 OUT 指令

1．指令功能

初始加载（LD）：从左母线开始的第一个接点是常开接点。

初始加载非（LD NOT）：从左母线开始的第一个接点是常闭接点。

输出（OUT）：线圈驱动指令，将运算结果输出到指定继电器。

2．梯形图结构

梯形图结构如图 1.15 所示。

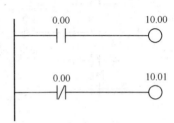

图 1.15 梯形图结构

说明：（1）0.00 接通，0.00 常开接点闭合，10.00 得电。0.00 常闭接点断开，10.01 断电。

（2）0.00 断开，0.00 常开接点断开，10.00 断电。0.00 常闭接点闭合，10.01 得电。

3．语句表

将图 1.15 所示梯形图程序用助记符的形式表示出来，结果如下。

```
LD        0.00
OUT       10.00
LDNOT  0.00
OUT       10.01
```

4．时序图

图 1.15 所示梯形图程序的时序图如图 1.16 所示。

5．注意事项

（1）LD 不能直接从左母线开始，但是必须以右母线结束。

（2）OUT 指令可以并联使用，但是不可串联使用。

（3）一般情况下，同一地址的 OUT 指令只能使用一次，即不允许重复输出，与输出线圈 OUT 地址相同的接点使用次数没有限制。

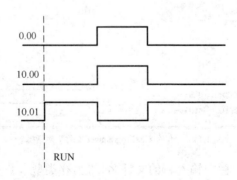

图 1.16 图 1.16 所示梯形图程序的时序图

（4）输入接点使用次数没有限制。

1.3 　OUT NOT 输出非指令

1. 指令功能

OUT NOT 指令功能是将运算结果取反之后输出。

2. 梯形图结构

OUT NOT 指令梯形图结构如图 1.17 所示。

说明：（1）0.00 接通，0.00 常开接点闭合，10.00 断电。

　　　　（2）0.00 断开，0.00 常开接点断开，10.00 得电。

3. 语句表

将图 1.17 所示梯形图程序用助记符的形式表示出来，结果如下。

LD　　　　　　0.00

OUT NOT　　　10.00

4. 时序图

图 1.17 所示梯形图程序的时序图如图 1.18 所示。

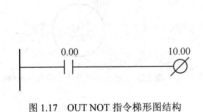

图 1.17 　OUT NOT 指令梯形图结构

图 1.18 　梯形图程序的时序图

5. 注意事项

非指令在程序中可以有多个。

1.4 　结束指令 END

1. 指令功能

END：结束指令，表示主程序结束。

2. 梯形图结构

END 指令梯形图结构如图 1.19 所示。

语句表

…

END（01）

3．注意事项

一个程序中只能有一个 END 指令。由于在 CX-Programmer 编程软件中已经定义好 END 指令，所以在编写梯形图时要再加入 END 指令。

【项目实施】

本项目是用传统的继-接方式实现电动机的点动运行控制，下面介绍用 PLC 完成控制功能的具体实施方案。

1．电动机的短时工作制点动运行 PLC 控制主电路

PLC 完成电动机点动控制功能是对控制电路的改造，而其主电路与传统的继-接方式实现电动机的点动运行控制的主电路相同，如图 1.20 所示。

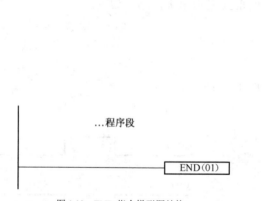

图 1.19 END 指令梯形图结构

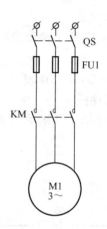

图 1.20 电动机点动运行控制主电路

2．电动机的短时工作制点动运行 PLC 控制电路

对于初学者而言，用 PLC 的控制功能完成相应的工程首先要分析工程控制要求，熟悉工作过程，然后确定输入/输出地址及功能，接下来绘制 PLC 的 I/O 硬件接线图，编写 PLC 控制程序，最后进行系统的调试。

（1）电动机的点动运行输入/输出地址及功能。电动机的点动运行输入/输出地址分配如表 1.1 所示，这里尤其要注意的是输入设备点动按钮外接的是常开接点，而输出设备是接触器的线圈，并不是电动机，用 PLC 实现控制功能是用 PLC 控制接触器的线圈，再由线圈的通电与断电来控制接触器本身的触点的通断，最终再由接触器的主触点来控制电动机的启动与停止。

表 1.1 　　　　　　　　　　　电动机的点动运行输入/输出地址分配表

	符　号	功　能	地　址
输入设备	SB	点动按钮（常开接点）	0.00
输出设备	KM	接触器（线圈）	10.00

（2）电动机的点动运行 PLC 的 I/O 硬件接线图。图 1.21 所示为电动机的点动运行 PLC 的 I/O 硬件接线图，其中输入设备的电源采用 24V 直流电源，如果其他项目中的输入设备包

含其他电压等级或电压类型的传感器，则不能简单的采用 24V 直流电源，需根据实际情况具体实现。图中的熔断器 FU2 主要是保护 PLC 和输出设备，一般情况下不可省略。输出设备中的电源类型及等级是由负载决定的，本例中的接触器采用额定电压为交流 110V 的交流接触器，所以，电源电压采用交流 110V。

（3）电动机的点动运行 PLC 的程序设计。

电动机点动运行梯形图如图 1.22 所示。

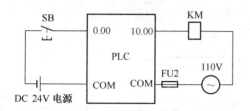

图 1.21 电动机的点动运行 PLC 的 I/O 硬件接线图

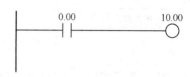

图 1.22 电动机点动运行梯形图

说明如下。

① 按下点动按钮 SB，SB 常开接点接通，则 0.00 接通，0.00 常开接点闭合，10.00 得电，从而使接触器线圈 KM 得电，接触器线圈 KM 得电使得接触器本身的触点动作，常开主触点接通，最终使电动机得电启动并运行；

② 松开点动按钮 SB，SB 常开接点断开，则 0.00 断开，0.00 常开接点断开，10.00 断电，从而使接触器线圈 KM 断电，接触器线圈 KM 断电使得接触器本身的触点复位，常开主触点断开，最终使电动机得电断电并停止；

③ 由以上分析可知，按下点动按钮 SB，电动机得电启动并运行，松开点动按钮 SB，电动机断电并停止，完成点动控制功能。

3．实践操作

（1）绘制电动机的短时工作制点动运行 PLC 控制主电路电气原理图。

（2）绘制电动机的短时工作制点动运行 PLC 控制的 I/O 硬件接线图。

（3）根据主电路电气原理图和 I/O 硬件接线图安装电器元件并配线。

（4）根据原理图复查配线的正确性。

（5）电动机的点动运行 PLC 的程序设计。

（6）分组进行系统调试，要求 2 人一组，养成良好的协作精神。

4．电动机点动运行控制 PLC 程序调试软件操作流程

第一次接触 CX-Programmer 编程软件，先从最简单的方法开始练习，选择从离线状态下开始编辑程序。

① 启动 CX-Programmer 软件。

② 创建新文件。

③ 选择 PLC 机型。

④ 输入程序。

输入程序之前，先了解一下 CX-Programmer 编程软件的整体结构和主要功能。

（1）各部分名称及其作用，如图 1.23 所示。

（2）CX-Programmer 的基本操作。

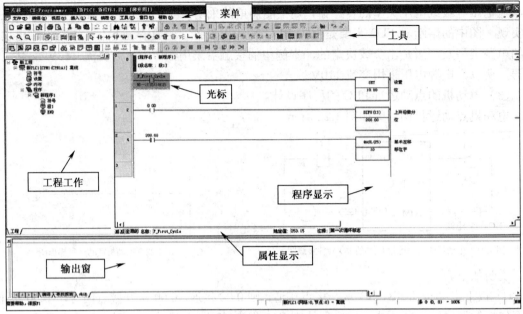

图 1.23　CX-Programmer 整体结构和主要功能

可以通过→、←、↑、↓键或鼠标的单击操作，在程序显示区域内移动光标。由[功能键]
输入的指令，会被输入到光标所处的位置。

利用 Home 键将光标移至行首，利用 End 键移至行末。

利用 Ctrl + Home 组合键可以将光标移至程序的起始位置，利用 Ctrl + End 组合键则可以
移至程序的最末一行，如图 1.24 所示。

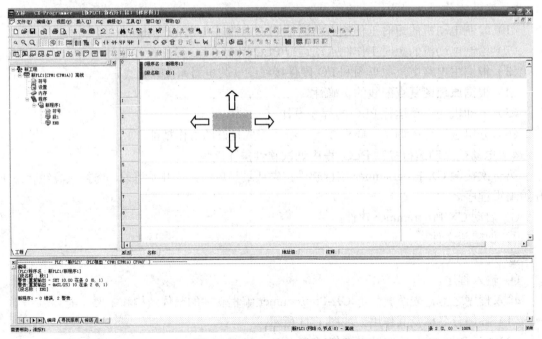

图 1.24　CX-Programmer 的基本操作

（3）输入程序。

将光标移到需要输入指令的位置，一般程序最开始将光标移到左上角。用鼠标单击工具栏 ⊥ 按钮，用鼠标单击光标位置，则出现以下对话框。

用键盘键入触点的编号，如 0.00。

单击确定按钮，再输入注释。

此时单击确定按钮，或者按 Enter 键，则完成初始加载 0.00 的输入操作。

用鼠标单击工具栏 ◇ 按钮，用鼠标点击触点 0.00 的后面。

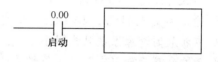

输入线圈编号，如 10.00，单击确定按钮，输入注释，单击确定按钮或按 Enter 键，则完成初始加载 10.00 的输入操作。

整个程序的输入操作即完成，结果如下。

（4）编译程序。用鼠标单击工具栏 ❀ 按钮。

（5）离线→在线（从离线状态转换成在线状态）。用鼠标单击工具栏 ⚠ 按钮。

（6）程序传入 PLC（下载、上传）。用鼠标单击工具键栏 ⊾ 按钮。

（7）监控并运行程序。用鼠标单击工具键栏 ▣ 按钮。

（8）调试程序。

① 按下按钮 0.00，则 10.00 得电，电动机旋转。

② 松开按钮 0.00，则 10.00 断电，电动机停止旋转。

③ 实现电动机的点动运行控制。

（9）保存程序。

注意

在操作过程中如果每步遇到相关问题，可以参考前面 1.3 中操作流程说明中具体的解释。

实用资料：市场常用 PLC 产生及发展

1. 可编程序控制器的产生

可编程序控制器问世于 1969 年。20 世纪 60 年代末期，当时美国的汽车制造工业非常发达，竞争也十分激烈。各生产厂家为适应市场需求不断更新汽车型号，这必然要求相应的加工生产线随之改变，整个继电器-接触器控制系统也就必须重新设计和配置。这样不但造成设备的极大浪费，而且新系统的接线也十分费时。在这种情况下，采用继电器控制就显示出过多的不足。正是从汽车制造业开始了对传统继电器控制的挑战，1968年美国 General Motors（GM）公司，为了适应产品品种的不断更新，减少更换控制系统的费用和周期，要求制造商为其装配线提供一种新型的通用程序控制器，并提出 10 项招标指标：

① 编程简单，可在现场修改程序；

② 维护方便，最好是插件式；

③ 可靠性高于继电器控制柜；

④ 体积小于继电器控制柜；

⑤ 可将数据直接送入管理计算机；

⑥ 在成本上可与继电器控制柜竞争；

⑦ 输入可以是交流 115V；

⑧ 输出为交流 115V、2A 以上，能直接驱动电磁阀等；

⑨ 在扩展时，原系统只需很小变更；

⑩ 用户程序存储器容量至少能扩展到 4KB。

这就是著名的 GM10 条。如果说各种电控制器、电子计算机技术的发展是可编程序控制器出现的物质基础，那么 GM10 条就是可编程序控制器出现的直接原因。

1969 年，美国数据设备公司（DEC）研制出世界上第一台可编程序控制器，并成功应用于 GM 公司的生产线上。其后其他国家相继引入，使其迅速发展起来。但这一时期它主要用于顺序控制，虽然也采用了计算机的设计思想，但当时只能进行逻辑运算。

20 世纪 70 年代初期诞生的微处理器和微型计算机，经过不断地开发和改进，软、硬件资源和技术已经十分完善，价格也很低廉，因而渗透到各个领域。可编程序控制器的设计和制造者及时吸收了微型计算机的优点，引入了微处理器和其他大规模集成电路，诞生了新一代的可编程序控制器。20 世纪 70 年代后期，随着微电子技术和计算机技术的迅猛发展，使 PLC 从开关量的逻辑控制扩展到数字控制及生产过程控制领域，真正成为一种电子计算机工业控制装置。

从第一台 PLC 诞生，经过几十年的发展，现已发展到第四代。各代 PLC 的特点与应用范围如表 1.2 所示。

表 1.2　　　　　　　　　　各代 PLC 的特点与应用范围

年　份	功能特点	应用范围
第一代 1969～1972	逻辑运算、定时、计数、中小规模集成电路 CPU、磁芯存储器	取代继电器控制
第二代 1973～1975	增加算术运算、数据处理功能，初步形成系列，可靠性进一步提高	能同时完成逻辑控制，模拟量控制
第三代 1976～1983	增加复杂数值运算和数据处理，远程 I/O 和通信功能，采用大规模集成电路，微处理器，加强自诊断、容错技术	适应大型复杂控制系统需要并用于联网、通信、监控等场合
第四代 1983 至今	高速大容量多功能，采用 32 位微处理器，编程语言多样化，通信能力进一步完善，智能化功能模块齐全	构成分级网络控制系统，实现图像动态过程监控，模拟网络资源共享

自从 20 世纪 60 年代末，美国首先研制和使用可编程序控制器以后，世界各国特别是日本等国也相继开发了各自的 PLC。20 世纪 70 年代中期出现了微处理器并被应用到可编

程序控制器后，使 PLC 的功能日趋完善。特别是它的小型化、高可靠性和低价格，使它在现代工业控制中崭露头角。到 20 世纪 80 年代初，PLC 的应用已在工业控制领域中占主导地位。美国著名的商业情报公司 FROST SULLIVAN 公司在 1982 年对美国石油化工、冶金、食品、机械等行业的 400 多个工厂企业的调查结果表明 PLC 的应用在各类自动化仪表或系统中已名列第一。在美国，PLC 的应用已相当普遍，1977 年 PLC 销售额仅 0.6 亿美元，而 1990 年已达 9.84 亿美元。目前比较著名的生产厂家有 AB 公司、GE 电气公司、GM 公司、TI 仪器公司、西屋电气公司等。德国研制和应用也很迅速，其中著名的有西门子公司、BBC 公司等。

据日本 Nomura 研究所公布资料称，日本最早出现 PLC 是在 1970 年立石（OMRON）公司。目前日本最大的 PLC 制造厂为 OMRON 公司、三菱公司和松下公司。

进入 20 世纪 90 年代后，工业控制领域几乎全被 PLC 占领。有资料显示，PLC 技术在工业自动化的三大支柱（PLC、机器人和 CAD/CAM）中跃居首位。

我国研制与应用 PLC 起步较晚，1973 年开始研制，1977 年开始应用。20 世纪 80 年代以前发展较慢，20 世纪 80 年代随着成套设备或专用设备引进了不少 PLC，例如宝钢一期工程整个生产线上就使用了数百台的 PLC，二期工程使用了更多的 PLC。近几年国外 PLC 大量进入我国市场，目前从国外引进的 PLC 使用较为普遍的有日本 OMRON 公司 C 系列、三菱公司 F 系列、松下公司 FP 系列、美国 GE 公司 GE 系列、德国西门子公司 S 系列等。与此同时，国内科研单位和工厂也在消化和引进 PLC 技术的基础上，研制了 PLC 产品。例如，东风汽车公司装备系统从 1986 年起，全面采用 PLC 对老设备进行更新改造，至 1991 年止一共改造设备 1 000 多台，并取得了明显的经济效益。1995 年广州第二电梯厂，已把 PLC 成功地应用于技术要求复杂的高层电梯控制上，并已投入批量生产。广东佛山市中联自动控制工程公司，近几年来已为多个厂家设计制造了 PLC 控制装置几十套，成功应用于陶瓷窑炉、瓷砖输送线和其他自动控制生产设备上。当然国内使用的 PLC 主要还是靠进口，但逐步实现国产化也是国内发展的必然趋势。

值得一提的是，PLC 的应用在机械行业十分重要。据国外有关资料统计，用于机械行业的 PLC 销售占总额的 60%。可以说 PLC 是实现机电一体化的重要工具，也是机械工业技术进步的强大支柱。

2．可编程序控制器的发展

21 世纪，PLC 会有更大的发展。从技术上看，计算机技术的新成果会更多地应用于可编程序控制器的设计和制造上，会有运算速度更快、存储容量更大、智能更强的品种出现；从产品规模上看，会进一步向超小型及超大型方向发展；从产品的配套性上看，产品的品种会更丰富、规格更齐全、完美的人机界面、完备的通信设备会更好地适应各种工业控制场合的需求；从市场上看，各国各自生产多品种产品的情况会随着国际竞争的加剧而打破，会出现少数几个品牌垄断国际市场的局面，会出现国际通用的编程语言；从网络的发展情况来看，可编程序控制器和其他工业控制计算机组网构成大型的控制系统是可编程序控制器技术的发展方向。目前的计算机集散控制系统（Distributed Control System，DCS）中已有大量的可编程序控制器应用。伴随着计算机网络的发展，可编程序控制器作为自动化控制网络和国际通用网络的重要组成部分，将在工业及工业以外的众多领域发挥越来越大的作用。

今后，PLC 的发展将朝以下两个方向进行：一个是向超小型、专用化和低价格的方向发展；另一个是向大型、高速、多功能和分布式全自动网络化方向发展，以适应现代化的大型工厂企业自动化的需要。例如日本 OMRON 公司生产的 C200H 高档 PLC 机，可控制 2 048 个 I/O 点，存储器容量 32KB，基本指令执行时间 0.4~2.4μs，可组成双机系统（一个在"执行"状态，一个在"热备"状态），具有运算、计数、模拟调节、显示、通信等功能，还能实现中断控制、过程控制、远程控制，以及与上位机或下位机进行数据通信和控制等。

【自测与练习】

编程实现如下功能并进行程序调试（用 3 种不同的程序实现功能）。

按下按钮 0.00，指示灯 10.00，10.02，10.04 同时亮，10.01，10.03，10.05 同时灭；

松开按钮 0.00，指示灯 10.00，10.02，10.04 同时灭，10.01，10.03，10.05 同时亮。

【项目工作页】

1. 资讯（点动控制）

项目任务

完成电动机单向点动运行控制

（1）什么是点动控制功能？

_____

（2）输入输出符号表

序　号	符　号	地　址	注　释	备　注
1				
2				
3				
4				
5				

2. 决策（点动控制）

选用的 PLC 机型：

_____

输入输出设备点数：

_____

3. 计划（点动控制）

填写项目实施计划表。

实施步骤	内　容	进　度	负责人	完成情况
1				
2				
3				
4				

4. 实施（点动控制）

（1）绘制主电路。

（2）绘制 PLC 输入输出接线图。

0.00	0.01	0.02	0.03	0.04			
10.00	10.00	10.01	10.02	10.03			

（3）绘制 PLC 梯形图。

5. 检查（点动控制）

遇到的问题或故障	解决方案	效果	结论及收获	解决人员

6. 评价（点动控制）

自我评价与互评成绩表

自我评价（权重20%）				
技能点	程序设计方法 5分	输入输出设备 5分	功能图绘制 5分	梯形图设计 5分
分数				
项目自评总分				
收获与总结				
改进意见				

☆☆☆ ☆☆☆ ☆☆☆

小组互评（权重30%）				
技能点	输入输出设备 5分	功能图绘制 5分	梯形图设计 10分	系统调试能力 10分
分数				
项目互评总分				
评价意见				

☆☆☆ ☆☆☆ ☆☆☆

教师评价（权重50%）				
技能点	功能图绘制 10分	梯形图设计 10分	系统调试能力 10分	项目整体效果 20分
分数				
教师评价总分				
项目总分				
项目总评				

小组互评表（本组不填）

组　　号	输入输出设备 5分	功能图绘制 5分	梯形图设计 10分	系统调试能力 10分
1				
建议或收获*				
2				
建议或收获*				
3	·			
建议或收获*				
4				
建议或收获*				
5				
建议或收获*				
6				
建议或收获*				
7				
建议或收获*				

*注：建议或收获填写对该组出现问题的分析及建议，以及通过该组观看的成果展示，自己学到了哪些知识或方法。

评分标准

评分内容	配　分	评　分　标　准	扣　　分	得　　分
新知识	30	PLC内部输入输出电路没有理解，扣1～10分		
		对PLC没有深入了解，扣1～10分		
		新指令使用不正确，扣1～10分		
软件使用	30	PLC选型不正确，扣10分		
		不会录入和修改程序，扣1～10分		
		不会下载和监视程序，扣10分		
硬件接线	30	输入输出接线图绘制不正确，扣1～10分		
		接线图设计缺少必要的保护，扣1～10分		
		线路连接工艺差，扣1～10分		
功能实现	10	电动机不能运行，扣10分		

项目 2　电动机单向连续运行 PLC 控制

【项目内容（资讯）】

我们已经完成了项目 1 电动机的点动运行控制，点动控制多用于机床刀架、横梁、立柱等快速移动和机床对刀等场合，而大多数控制场合，都要求电动机必须连续运行，在项目 1 的基础上，我们要完成电动机的连续运行功能。

【项目分析（决策）】

连续控制：所谓连续运行，即按下按钮时电动机启动旋转，手松开按钮时电动机保持旋转，直到按下停止按钮时，电动机停转。连续运行控制广泛应用于各种控制场合。

传统的继电器-接触器控制方式若要实现电动机的连续运行控制，同样要依靠一些常用的低压电器，并按照一定的逻辑关系连接起来才能实现。如果要用 PLC 实现同样的功能，电动机的连续运行控制的主电路是不改变的，而控制部分则依靠 PLC 的程序控制功能完成，完成该项目步骤与项目 1 相同。

（1）设计主电路。

（2）确定输入/输出设备。

（3）设计 PLC 输入/输出接线图。

（4）进行 PLC 程序设计。

（5）进行系统的调试。

以上（1）～（3）步我们已经能够完成，接下来首先了解并掌握 PLC 内部存储器划分及内部寄存器配置，再学习几条新指令，还会教几招软件操作方法，然后就可以轻松地完成第 2 个工程项目了。

【项目新知识点学习资料（一）】

2.1　PLC 的内存分配及 I/O 点数

在使用 PLC 之前，深入了解 PLC 内部继电器和寄存器的配置和功能，以及 I/O 分配情况这对正确编程是至关重要的。下面介绍一般 PLC 产品的内部寄存器区的划分情况，每个区分配一定数量的内存单元，并按不同的区命名编号。

（1）I/O 继电器区。

I/O 区的寄存器可直接与 PLC 外部的输入、输出端子传递信息。这些 I/O 寄存器在 PLC 中具有"继电器"的功能，即它们有自己的"线圈"和"触点"。故在 PLC 中又常称这一寄存器区为"I/O 继电器区"。每个 I/O 寄存器由一个字（16 位）组成，每位对应 PLC 的一个外部端子，称作一个 I/O 点。I/O 寄存器的个数乘以 16 等于 PLC 总的 I/O 点数，如某 PLC 有 10 个 I/O 寄存器，则该 PLC 共有 160 个 I/O 点。在程序中，每个 I/O 点又都可以看成是一个"软继电器"，有常开触点，也有常闭触点。不同型号的 PLC 配置有不同数量的 I/O 点，一般小型的 PLC 主机有十几个至几十个 I/O 点。若一台 PLC 主机的 I/O 点数不够，可进行 I/O 扩展。

（2）内部通用继电器区。

这个区的寄存器与 I/O 区结构相同，即能以字为单位使用，也能以位为单位使用。不同之处在于它们只能在 PLC 内部使用，而不能直接进行输入/输出控制。其作用与中间继电器相似，在程序控制中可存放中间变量。

（3）数据寄存器区。

这个区的寄存器只能按字使用，不能按位使用。一般只用来存放各种数据。

（4）特殊继电器、寄存器区。

这两个区的继电器和寄存器的结构并无特殊之处，也是以字或位为一个单元。但它们都被系统内部占用，专门用于某些特殊目的，如存放各种标识、标准时钟脉冲、计数器和定时器的设定值和经过值、自诊断的错误信息等。这些区的继电器和寄存器一般不能由用户任意占用。

（5）系统寄存器区。

系统寄存器区一般用来存放各种重要信息和参数，如各种故障检测信息、各种特殊功能的控制参数以及 PLC 产品出厂时的设定值。这些信息和参数保证 PLC 的正常工作。这些信息有的可以修改，有的是不能修改的。当需要修改系统寄存器时，必须使用特殊的命令，这些命令的使用方法见有关的使用手册。通过用户程序，不能读取和修改系统寄存器的内容。

上面介绍了 PLC 的内部寄存器及 I/O 点的概念，至于具体的寄存器及 I/O 编号和分配使用情况，将在项目 4 中结合具体机型进行介绍。

2.2 CPM1A 内部资源及 I/O 配置

在使用 CPM1A 的 PLC 之前，了解 PLC 的 I/O 分配及内部寄存器的功能和配置是十分重要的。表 2.1 所示为 CPM1A 系列 PLC 控制单元的内部寄存器的配置情况。

表 2.1 CPM1A 系列 PLC 内部寄存器配置表

名 称		点 数	通道号	继电器地址	功 能
IR	输入继电器	160 点（10 字）	000～009CH	000.00～009.15	继电器号与外界的输入/输出端子相对应（没有被使用的输入通道可用作继电器号使用）
	输出继电器	160 点（10 字）	010～019CH	010.00～019.15	
	内部继电器	512 点（32 字）	200～231CH	200.00～231.15	在程序内可以自由使用的继电器
特殊内部继电器（SR）		384 点（24 字）	232～255CH	232.00～255.07	分配有特定功能的继电器
定时器/计数器		128 点	TIM/CNT 000～127		定时器、计数器，它们的编程号合用
暂存继电器（TR）		8 点	TR0～TR7		回路的分歧点上，暂存记忆 ON/OFF 的继电器
保持继电器（HR）		320 点（20 字）	HR00～19CH	HR00.00～HR19.15	在程序内可以自由使用，且断电时也能保持断电前的 ON/OFF 状态的继电器
辅助记忆继电器（AR）		256 点（16 字）	AR00～15CH	AR00.00～AR15.15	分配有特定功能的辅助继电器
链接继电器（LR）		256 点（16 字）	LR00～15CH	LR00.00～LR15.15	1：1 链接的数据输入输出用的继电器（也能用作内部辅助继电器）
数据存储器（DM）	可读/写	1 002 字	DM0000～09999 DM1022～1023		以字为单位（16 位）使用，断电也能保持数据，在 DM1000～1021 不作故障记忆的场合可作为常规的 DM 使用
	故障履历存入区	22 字	DM1000～1021		
	只读	456 字	DM6144～6599		DM6144～6599、DM6600～6655 不能用程序写入（只能用外围设备设定）
	PC 系统设定区	56 字	DM6600～6655		

表 2.1 中的 000.00～009.15 均为 I/O 区的输入继电器，可直接与输入端子传递信息。010.00～019.15 为 I/O 区的输出继电器，可向输出端子传递信息。输入继电器和输出继电器既可按"位"寻址，也可按"字"（即 16 位）寻址。有的指令只能对位寻址，而有的指令只能对"字"寻址。输入继电器与输出继电器的地址编号位地址完全相同。图 2.1 所示为输入继电器的地址编号。

例如，0.00 表示寄存器 0CH 中的第 0 位，0.15 表示寄存器 0CH 中的第 15 位，如图 2.2 所示。

1. 输入继电器

输入继电器的作用是将外部的开关信号或传感器的信号输入到 PLC。每个输入继电器的编程次数没有限制，因此可视为每个输入继电器可提供无数对常开或常闭触点供编程使用。需注意的是，输入继电器只能由外部信号来驱动，不能由内部指令来驱动，其触点也不能直接输出去驱动执行元件。

图 2.1　输入继电器地址编号

0CH:

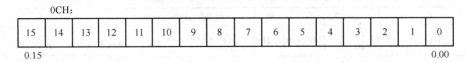

图 2.2　0CH 寄存器

2．输出继电器

输出继电器的作用是将 PLC 的执行结果向外输出，驱动外设（如接触器电磁阀动作）。输出继电器必须是由 PLC 程序执行的结果来驱动。当作为内部编程接点使用时，其编程次数同样没有限制，也就是说可视为每个输出继电器可提供无数对常开和常闭触点供编程（只供 PLC 内部编程）使用。作为输出端口，每个输出继电器只用一次，且当它作为 OUT 和 KEEP（11）指令输出时，不允许重复使用同一输出继电器，否则 PLC 不执行。

3．内部继电器

PLC 的内部寄存器可供用户存放中间变量使用，其作用与继电器-接触器控制系统中的中间继电器相类似，因此称为内部继电器（软继电器）。内部继电器只供 PLC 内部编程使用，不提供外部输出。CPM1A 机型内部继电器地址为 200.00～231.15。每个继电器所带的触点没有限制。

4．特殊内部继电器

232.00～255.07 的内部继电器为特殊内部继电器，均有专门的用途，用户不能占用。这些继电器不能用于输出，只能作内部接点用，不能作为 OUT 或 KEEP（11）指令的操作数使用。其主要功能如下。

（1）标志继电器。

当自诊断和操作等发生错误时，对应该编号的继电器触点就会闭合，以产生标志。此外，也用于产生一些强制标志、设置标志、数据比较标志等。

（2）特殊控制继电器。

为了控制更加方便，CPM1A 提供了一些不受编程控制的特殊继电器。例如，初始闭合继电器 253.15，它的功能是只在运行中第 1 次扫描时闭合，从第 2 次扫描开始断开并保持打开状态。

（3）信号源继电器。

254.00、254.01、255.00、255.01、255.02 这 5 个继电器都是不用编程就能自动产生脉冲信号的继电器。例如 255.00 就是一个 0.1s 时钟继电器，它的功能是其触点以 0.1s 为周期重复通/断动作（ON:0.05s，OFF:0.05s）。

这些特殊内部继电器的具体功能请读者查阅相关的编程手册。

5．定时器/计数器（T/C）

定时器（TIM）触点的通断由定时器指令（TIM）的输出决定。如果定时器指令定时时间到，则与其编号相同的触点动作。定时器的编号用十进制数表示。

计数器（C）的触点是计数器指令（CT）的输出。如果计数器指令计数完毕，则与其编号相同的触点动作。

在欧姆龙 PLC 中，定时器与计数器使用的编号在一个区域内，即 000～127，不能重复使用，也就是说在程序中不能同时出现 TIM000 和 CNT000。

6．定时器/计数器的预置值寄存器（SV）与经过值寄存器（PV）

定时器/计数器的预置值寄存器是存储定时器/计数器指令预置值的寄存器，而定时器/计数器的经过值寄存器是存储定时器/计数器经过值的寄存器。后者的内容随着程序的运行而递减变化，当它的内容变为 0 时，定时器/计数器的触点动作。若想使用定时器/计数器的经过值，则直接可以使用定时器/计数器的编号就可以访问能够存放定时器/计数器的当前值（PV）的一个内存位置，例如若想访问定时器 TIM000 的当前值，直接可以使用 TIM000 进行访问。

7．暂存继电器（TR）

它是复杂的梯形图回路中不能用助记符描述的时候，用来对回路的分歧点的 ON/OFF 状态作暂存的继电器，仅在用助记符编程时使用，用梯形图编程时，在内部由于能自动处理，暂存记忆继电器没有必要使用。

在同一个程序内暂存记忆继电器不能重复使用。

暂存继电器在用外部设备的监视功能时能够监视它的 ON/OFF 状态。

8．保持继电器（HR）

CPM1A 的电源成为 OFF 时、运行的开始或停止时，ON/OFF 状态也能保持不变的继电器。使用方法同内部继电器一样。

9．辅助记忆继电器（AR）

辅助记忆继电器功能如表 2.2 所示，这些位用于特定功能，如标志和控制位。AR04～AR07 用于从机。

表 2.2　　　　　　　　　　辅助记忆继电器（AR）功能表

字	位	功　　能
AR 00，AR 01	00～15	未使用
AR 02	00～07	未使用
	08～11	未使用（系统使用）
	12～15	未使用
AR 03	00～15	未使用
AR 04～AR 07	00～15	从机状态标志
AR 08	00～03	RS-232C 端口错误代码（一个端口号）0: 正确完成 1: 奇偶校验错误 2: 帧格式错误 3: 越限错误

续表

字	位	功　能
AR 08	04	RS-232C 通信错误标志
	05	S-232C 传输 R 触发标志 仅在使用无协议和 Host Link 通信模式时有效
	06	RS-232C 接收完成标志仅在使用无协议通信模式时有效
	07	RS-232C 接收溢出标志仅在使用无协议通信模式时有效
	08～11	编程设备错误代码 0: 正确完成 1: 奇偶校验错误 2: 帧格式错误 3: 越限错误
	12	编程通信错误标志
	13	编程设备传输触发标志 仅在使用无协议和 Host Link 通信模式时有效
	14	编程设备接收完成标志 仅在使用无协议通信模式时有效
	15	编程设备接收溢出标志 仅在使用无协议通信模式时有效
AR 09	00～15	在使用无协议通信模式时: RS-232C 端口接收计数器（4 位 BCD 码） 在使用 1:N NT Link 通信模式时（仅限于 V2 版本）: 通过 PT 标志进行通信（位 00～07 对应于 PT0～PT7） 通过 PT 标志注册优先级（位 08～15 对应于 PT0～PT7）
AR 10	00～15	编程设备接收计数器（4 位 BCD 码） 仅在使用无协议通信模式时有效
AR 11	00～15	4 位 BCD 码 电源中断频率
AR 12	00～15	未使用
AR 13	00	电源接通 PC 设置错误标志 DM6600～DM6614（在电源接通时读取这部分 PC 设置区）中出错时变 ON
	01	启动 PC 设置错误标志 DM6615～DM6644（在运行开始时读取这部分 PC 设置区）中出错时变 ON
	02	运行 PC 设置错误标志 DM6645～DM6655（这部分 PC 设置区被一直读取）中出错时变 ON
	03，04	未使用
	05	循环时间过长标志 当实际循环时间超过 DM6619 中的循环时间设置时变 ON
	06	当程序存储区（UM）用尽时变 ON
	07	当使用软件不支持的指令时变 ON
	08	指定存储区错误标志 程序中指定了一个不存在的数据区地址时变 ON
	09	闪存存储器错误标志 闪存存储器内发生错误时变 ON
	10	只读 DM 区错误标志 只读 DM 区（DM6144～DM6599）内发生校验和错误时变 ON，此区域被初始化
	11	PC 设置错误标志 PC 设置区内发生校验和错误变 ON
	12	程序错误标志 程序存储区（UM）内发生校验和错误，或执行不正确的指令时变 ON

续表

字	位	功　能
	13	未使用（清除接通电源）
AR 13	14	数据保存错误标志 如果不能在接通电源时将数据保存在如下区域内时变 ON：DM 区（可读/写区）、HR 区、CNT 区、SR 区，字 252（位 11，12）（当 DM6601 中的 PC 设置被设为保持状态时）、错误日志、运行模式（在电源出错前的最后一次使用时将 DM6600 中的 PC 设置设为连续模式） 如果数据不能在上述区域内保存： DM 区（可读写）、错误日志区、HR 区、CNT 区、以及 SR252（位 11，12）将被清零，运行模式将变成 PROGRAM 模式
	15	SRM1 CompoBus/S 通信错误标志
AR 14	00～15	最大循环时间（4 位 BCD 码） 保存运行过程中最长的循环时间。它在开始运行时，而非运行结束后清零。依据 DM6618 中的设置，其时间单位可为下列单位设置中的任何一种。缺省：0.1ms；"10ms" 设置：0.1ms；"100ms" 设置：1ms；"1s" 设置：10ms
AR 15	00～15	当前循环时间（4 位 BCD 码） 保存最近的循环时间。当前循环时间不是在运行停止时清零。依据 DM6618 中的设置，其时间单位可为下列单位设置中的任何一种。缺省：0.1ms；"10ms" 设置：0.1ms；"100ms" 设置：1ms；"1s" 设置：10ms

10．链接继电器（LR）

用于 CPM1A 同族、CPM1A 和 CQM1、CPM1、SRM1、或者 C200HS、C200HX/HE/HG 的 1：1 连接通信时，与对方 PC 交换数据使用。

11．数据存储器（DM）

数据存储器是以 CH 为单位使用的存储器，数据存储器的内容，即使在 CPM1A 断电、运行开始或停止时也能保持不变。

DM0000～0999CH、DM1022～1023CH 能够在程序中自由使用，其他的 CH 分配有特定的功能，但是 DM1000～1021 可根据 DM6654 的 00～13 位设定，不作故障履历存储时，也可以在程序中自由使用。

2.3　与、或系列指令及堆栈操作指令

2.3.1　AND 和 ANDNOT 指令

1．指令功能

与（AND）：串联常开接点指令，把原来保存在结果寄存器中的逻辑操作结果与指定的继电器内容相 "与"，并把这一逻辑操作结果存入结果寄存器。

与非（ANDNOT）：串联常闭接点指令，把原来被指定的继电器内容取反，然后与结果寄存器的内容进行逻辑 "与"，操作结果存入结果寄存器。

2．梯形图结构

AND 和 ANDNOT 指令梯形图结构如图 2.3 所示。

梯形图解释：（1）当 0.00 接通并且 0.01 接通时，10.00 得电；

（2）当 0.00 断开或者 0.01 断开时，10.00 断电；

（3）当 0.00 接通并且 0.01 断开时，10.01 得电；

（4）当 0.00 断开或者 0.01 接通时，10.01 断电。

3．语句表

将图 2.3 所示梯形图程序用助记符的形式表示出来。

LD	0.00
AND	0.01
OUT	10.00
LD	0.00
ANDNOT	0.01
OUT	10.01

4．时序图

图 2.3 所示梯形图程序的时序图如图 2.4 所示。

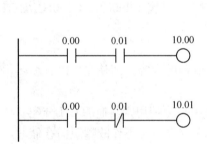

图 2.3　AN AN/指令梯形图

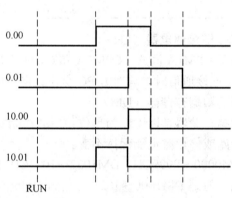

图 2.4　梯形图程序对应的时序图

5．注意事项

与、与非指令可以多个连用。

6．举例

同时按下 0.00、0.01 两个按钮，指示灯 10.00 亮；松开任一按钮，指示灯 10.00 灭。0.00 断开，0.02 接通，指示灯 10.01 亮；0.00 接通或 0.02 断开，指示灯 10.01 灭。

（1）梯形图，如图 2.5 所示。

（2）语句表。

LD	0.00
AND	0.01
OUT	10.00
LDNOT	0.00
AND	0.02
OUT	10.01

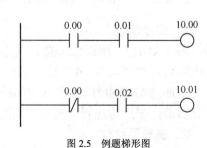

图 2.5　例题梯形图

2.3.2 OR 和 ORNOT 指令

1. 指令功能

或（OR）：并联常开接点指令，把原来保存在结果寄存器中的逻辑操作结果与指定的继电器内容相"或"，并把这一逻辑操作结果存入结果寄存器。

或非（ORNOT）：并联常闭接点指令，把原来被指定的继电器内容取反，然后与结果寄存器的内容进行逻辑"或"，操作结果存入结果寄存器。

2. 梯形图结构

OR 和 ORNOT 指令的梯形图结构如图 2.6 所示。

梯形图解释：（1）当 0.00 接通或者 0.01 接通时，10.00 得电；

（2）当 0.00 断开并且 0.01 断开时，10.00 断电；

（3）当 0.00 接通或者 0.01 断开时，10.01 得电；

（4）当 0.00 断开并且 0.01 接通时，10.01 断电。

3. 语句表

将图 2.6 所示梯形图程序用助记符的形式表示出来。

LD	0.00
OR	0.01
OUT	10.00
LD	0.00
ORNOT	0.01
OUT	10.01

4. 时序图

图 2.6 所示梯形图程序的时序图如图 2.7 所示。

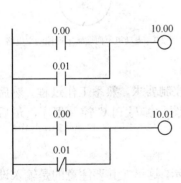

图 2.6 OR OR/指令梯形图

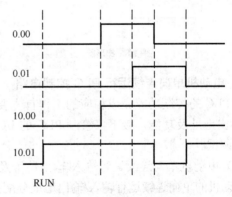

图 2.7 图 2.6 所示梯形图的时序图

5. 注意事项

或、或非指令可以多个连用。

6. 举例

按下启动按钮 0.00，电动机运行并自锁，按下停止按钮 0.01，电动机停止运行。

（1）梯形图如图 2.8 所示。

（2）语句表。

LD	0.00
OR	10.00
ANNOT	0.01
OUT	10.00

【项目实施】

下面介绍用 PLC 完成控制功能的具体实施方案。

1．电动机单向连续运行 PLC 控制主电路

PLC 完成电动机单向连续运行控制功能是对控制电路的改造，而其主电路与传统的继电器-接触器控制方式实现电动机的单向连续运行控制的主电路是相同的，如图 2.9 所示，这里不再赘述。

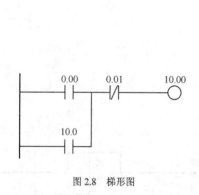

图 2.8　梯形图

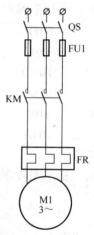

图 2.9　电动机单向连续运行控制主电路

2．电动机单向连续运行 PLC 控制电路

用 PLC 的控制功能完成相应的工程首先要分析工程控制要求，熟悉工作过程，然后确定输入/输出地址及功能，接下来绘制 PLC 的 I/O 硬件接线图，编写 PLC 控制程序，最后进行系统的调试。

（1）电动机单向连续运行输入/输出地址及功能。

电动机的单向连续运行输入/输出地址分配如表 2.3 所示，这里尤其要注意的是输入设备启动按钮外接的是常开接点，停止按钮和热继电器外接的是常闭接点，输出设备是接触器的线圈。

表 2.3　　　　　　　　　　　电动机单向连续运行输入/输出地址分配表

	符　号	功　能	地　址
输入设备	SB1	启动按钮（常开接点）	0.00
	SB2	停止按钮（常闭接点）	0.01

续表

	符 号	功 能	地 址
输入设备	FR	热继电器（常闭接点）	0.02
输出设备	KM	接触器（线圈）	10.00

（2）电动机单向连续运行 PLC 的 I/O 硬件接线图。

图 2.10 所示为电动机单向连续运行 PLC 的 I/O 硬件接线图，其中输入设备的电源采用 24V 直流，如果其他项目中的输入设备包含其他电压等级或电压类型的传感器，则不能简单的采用 24V 直流，需根据实际情况具体实现。图 2.10 中的熔断器 FU2 的主要作用是保护 PLC 和输出设备，一般情况下不可省略。输出设备中的电源类型及等级是由负载决定的，本例中的接触器采用额定电压为交流 110V 的交流接触器，所以，电源电压采用交流 110V。

（3）电动机单向连续运行 PLC 的程序设计。

电动机单向连续运行梯形图如图 2.11 所示。

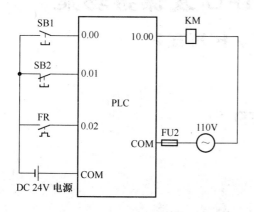

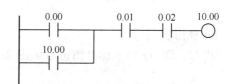

图 2.10 电动机单向连续运行 PLC 控制的 I/O 硬件接线图　　　图 2.11 电动机单向连续运行梯形图

梯形图说明如下。

（1）按下启动按钮 SB1，SB1 常开接点接通，则 0.00 接通，0.00 常开接点闭合，10.00 得电，从而使接触器线圈 KM 得电，接触器线圈 KM 得电使得接触器本身的触点的动作，常开主触点接通，最终使电动机得电启动并运行。

（2）松开启动按钮 SB1，SB1 常开接点断开，则 0.00 断开，0.00 常开接点断开，由于 10.00 常开接点并联在 0.00 常开接点两端，从而使接触器线圈 KM 保持得电，即自锁，使电动机实现连续运行。

（3）按下停止按钮 SB2，SB2 常闭接点断开，则 0.01 断开，0.01 常开接点断开，10.00 断电，从而使接触器线圈断电，接触器线圈断电使得接触器本身的触点的复位，常开主触点断开，最终使电动机断电并停止。

（4）如果发生过载，热继电器 FR 动作，常闭接点断开，则 0.02 断开，0.02 常开接点断开，10.00 断电，从而使接触器线圈断电，接触器线圈断电使得接触器本身的触点的复位，常开主触点断开，最终使电动机断电并停止，实现过载保护作用。

由以上分析可知，按下启动按钮 SB1，电动机得电启动并单向连续运行，按下停止按钮 SB2，电动机自由停止。

3. 实践操作

（1）绘制电动机的单向连续运行 PLC 控制主电路电气原理图。

（2）绘制电动机的单向连续运行 PLC 控制的 I/O 硬件接线图。

（3）根据主电路电气原理图和 I/O 硬件接线图安装电器元件并配线。

（4）根据原理图复查配线的正确性。

（5）完成电动机单向连续运行的 PLC 的程序设计。

（6）分组进行系统调试，要求 2 人一组，养成良好的协作精神。

【项目新知识点学习资料（二）】

2.4　微分指令 DIFU 及保持功能 指令 SET/KEEP

2.4.1　微分指令：DIFU、DIFD

1. 梯形图符号

DIFU、DIFD 指令梯形图符号如图 2.12 所示。

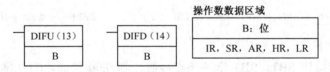

图 2.12　微分指令梯形图符号

2. 指令功能

DIFU：上升沿微分，检测到触发信号上升沿，使被控线圈接通一个扫描周期。

DIFD：下降沿微分，检测到触发信号下降沿，使被控线圈接通一个扫描周期。

3. 梯形图结构

DIFU、DIFD 指令梯形图结构如图 2.13 所示。

梯形图解释：当检测到触发信号的上升沿时，即 0.00 由 OFF→ON 时，10.00 接通一个扫描周期；当检测到触发信号的下降沿时，即 0.00 由 ON→OFF 时，10.01 接通一个扫描周期。

4. 语句表

将图 2.13 所示梯形图程序用助记符的形式表示出来。

LD　　　　　　　　0.00

DIFU（13）　　　　10.00

```
LD              0.00
DIFD（14）      10.01
```

5．时序图

图 2.13 所示梯形图的时序图如图 2.14 所示。

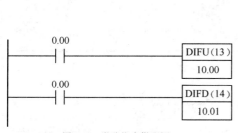

图 2.13　微分指令梯形图

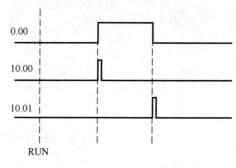

图 2.14　微分指令时序图

6．注意事项

DIFU 和 DIFD 指令的作用都是在控制条件满足的瞬间，触发被控对象（触点或操作指令），使其接通一个扫描周期。这两条指令的区别在于：前者是当控制条件接通瞬间（上升沿）起作用，而后者是在控制条件断开瞬间（下降沿）起作用。这两个微分指令在实际程序中很有用，可用于控制那些只需触发执行一次的动作。在程序中，对微分指令的使用次数无限制。

7．微分指令的输入

DIFU（13）上升沿微分指令的输入步骤如下。

（1）输入常开触点 0.00。

（2）单击功能键 ⬚ 。

（3）在常开触点 0.00 后面的蓝色区域内单击鼠标左键，出现 ▭ 。

（4）单击 详细资料 ，出现如图 2.15（a）所示对话框。

（5）单击 查找指令 ，并单击位控制指令，在右边找到 DIFU（13）指令，如图 2.15（b）所示对话框，单击确定按钮。

（6）输入操作数，单击图 2.15（c）所示的蓝色条，若操作数为 200.00，则直接输入 200.00；若操作数为 10.00，则直接输入 10.00。输入完毕单击确定按钮。

DIFD（14）指令的输入方法与 DIFU（13）的输入方法相同，这里不做具体说明。

2.4.2　置位、复位指令：SET、RSET

1．梯形图符号

SET、RSET 指令梯形图符号如图 2.16 所示。

2．指令功能

SET：置位，使被控线圈接通并保持。

RSET：复位，使被控线圈断开并保持。

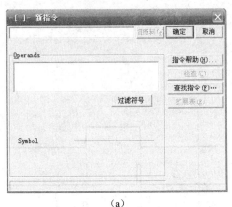

（a）

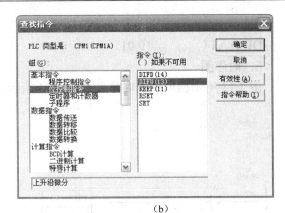

（b）

（c）

图2.15　上升沿微分指令输入

3．梯形图

SET、RSET指令梯形图如图2.17所示。

图2.16　置位、复位指令梯形图符号　　　　　图2.17　置位、复位指令梯形图

梯形图解释：从该程序中可以看出，输出线圈的状态是由置位指令和复位指令同时决定的，控制规律如表2.4所示。

表2.4　　　　　　　　　　　图2.17所示梯形图控制规律

0.01（复位）	0.00（置位）	10.00
0	0	保持
0	1	置位为"1"
1	0	复位为"0"
1	1	复位为"0"

由上表可以看出，当 0.01 断开时，如果 0.00 接通，则 10.00 接通，如果 0.00 断开，10.00 一直保持原来的状态；当 0.01 接通时，无论 0.00 的状态如何，10.00 都断开。尤其值得注意的是，当 0.00 和 0.01 都接通时，10.00 是复位的，所以该例中程序结构属于复位优先。如果把该程序的两条指令的位置互换，就可以实现置位优先的功能，具体请读者自己分析。

4．语句表

LD   0.00
SET   10.00
LD   0.01
RSET   10.00

5．时序图

图 2.17 所示梯形图的时序图如图 2.18 所示。

6．置位复位指令的输入

置位复位指令的输入与微分指令的输入相似，只是在位控制指令里找到 SET、RSET 指令即可。这里不再做具体陈述。

2.4.3　保持指令：KEEP

1．梯形图符号

KEEP 指令梯形图符号如图 2.19 所示。

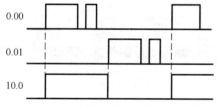

图 2.18　置位、复位指令时序图

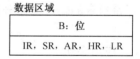

图 2.19　保持指令梯形图符号

2．指令功能

KEEP：保持，使输出接通并保持。

KEEP 指令的作用是将输出线圈接通并保持。该指令有两个控制条件，一个是置位条件（S）、另一个是复位条件（R）。当满足置位条件，输出继电器（Y 或 R）接通，一旦接通后，无论置位条件如何变化，该继电器仍然保持接通状态，直至复位条件满足时断开。

S 端与 R 端相比，R 端的优先权高，即如果两个信号同时接通，复位信号优先有效。控制规律如表 2.5 所示。

表 2.5   KEEP 指令控制规律

0.01（复位）	0.00（置位）	10.00
0	0	保持
0	1	置位为"1"
1	0	复位为"0"
1	1	复位为"0"

3. 梯形图

KEEP 指令梯形图如图 2.20 所示。

梯形图解释：当 0.00 接通，0.01 断开时，10.00 接通；只要 0.01 接通，10.00 就断开。

4. 语句表

LD   0.00

LD   0.01

KEEP（11）   10.00

5. 时序图

图 2.20 所示梯形图的时序图如图 2.21 所示。

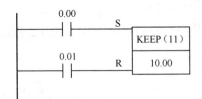

图 2.20　KEEP 指令梯形图

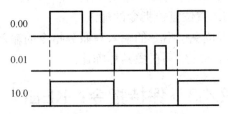

图 2.21　KEEP 指令时序图

6. 注意事项

该指令与 SET、RST 有些类似，另外，SET、RST 允许输出重复使用，而 KEEP 指令则不允许。

7. 保持指令的输入

保持指令的输入与微分指令的输入相似，也是在位控制指令里面找到 KEEP（11）指令即可。

8. 应用举例

根据时序图（见图 2.22），设计程序。（分别用置位/复位、保持指令实现）

方法 1：用置位/复位指令实现，如图 2.23 所示。

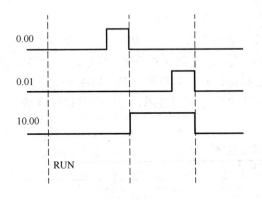

图 2.22　KEEP 指令时序图

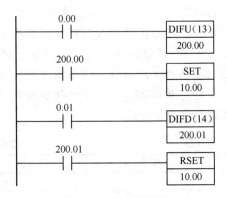

图 2.23　方法 1 梯形图

方法 2：用保持指令实现，如图 2.24 所示。

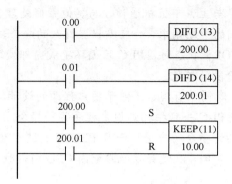

图 2.24　方法 2 梯形图

2.4.4　实践操作

（1）结合 DIFU 指令，分别用 SET/RSET、KEEP 指令完成电动机单向连续运行的 PLC 的程序设计。

项目要求：填写 I/O 地址分配表，绘制 I/O 接线图，编写梯形图。

（2）分组进行系统调试，要求 2 人一组，养成良好的协作精神。

实用资料：PLC 的工作原理

1. PLC 的扫描工作方式

PLC 运行时，需要进行大量的操作，这迫使 PLC 中的 CPU 只能根据分时操作原理，按一定的顺序，每一时刻执行一个操作，这种分时操作的方式，称为 CPU 的扫描工作方式。当 PLC 运行时，在经过初始化后，即进入扫描工作方式，且周而复始地重复进行，因此，称 PLC 的工作方式为循环扫描工作方式。

PLC 循环扫描工作方式可用图 2.25 所示的流程图表示。

很容易看出，PLC 在初始化后，进入循环扫描。PLC 一次扫描的过程，包括内部处理、通信服务、输入采样、程序处理、输出刷新共 5 个阶段，其所需的时间称为扫描周期，显然，PLC 的扫描周期应与用户程序的长短和该 PLC 的扫描速度紧密相关。

PLC 在进入循环扫描前的初始化，主要是将所有内部继电器复位，输入、输出暂存器清零，定时器预置，识别扩展单元等。以保证它们在进入循环扫描后能完全正确无误地工作。

进入循环扫描后，在内部处理阶段，PLC 自行诊断内部硬件是否正常，并把 CPU 内部设置的监视定时器自动复位等。PLC 在自诊断中，一旦发现故障，PLC 将立即停止扫描，显示故障情况。

图 2.25　PLC 循环扫描工作方式的流程图

在通信服务阶段，PLC与上、下位机通信，与其他带微处理器的智能装置通信，接收并根据优先级别处理来自它们的中断请求，响应编程器键入的命令，更新编程器显示的内容等。

当PLC处于停止（STOP）状态时，PLC只循环完成内部处理、通信服务、输入采样、程序处理、输出刷新5个阶段的工作。

循环扫描的工作方式，既简单直观，又便于用户程序的设计，且为PLC的可靠运行提供了保障。这种工作方式，使PLC一旦扫描到用户程序某一指令，经处理后，其处理结果可立即被用户程序中后续扫描到的指令所应用，而且PLC可通过CPU内部设置的监视定时器，监视每次扫描是否超过规定时间，以便有效地避免因CPU内部故障，导致程序进入死循环的情况。

2．PLC用户程序执行的过程

PLC用户程序的执行过程如图2.26所示。

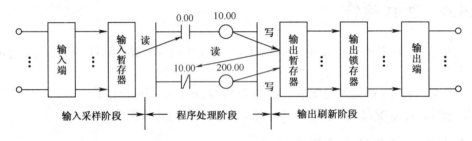

图2.26　PLC用户程序执行的3个阶段

可以看出，PLC用户程序执行的过程分为输入采样、程序处理和输出刷新3个阶段。

（1）输入采样阶段（简称"读"）。在这一阶段，PLC读入所有输入端子的状态，并将各状态存入输入暂存器，此时，输入暂存器被刷新。在后两个程序处理阶段和输出刷新阶段中，即使输入端子的状态发生变化，输入暂存器所存的内容也不会改变。这充分说明，输入暂存器的刷新仅仅在输入采样阶段完成，输入端状态的每一次变化，只有在一个扫描周期的输入采样阶段才会被读入。

（2）程序处理阶段（简称"算"）。在这一阶段，PLC按从左至右、自上而下的顺序，对用户程序的指令逐条扫描、运算。当遇到跳转指令时，则根据跳转条件满足与否，决定是否跳转及跳转到何处。在处理每一条用户程序的指令同时，PLC首先根据用户程序指令的需要，从输入暂存器或输出暂存器中读取所需的内容，然后进行算术逻辑运算，并将运算结果写入输出暂存器中。可以看出，在这一阶段，随着用户程序的逐条扫描、运算，输出暂存器中所存放的信息会不断地被刷新，而当用户程序扫描、运算结束之时，输出暂存器中所存放的信息，应是PLC本周期处理用户程序后的最终结果。

（3）输出刷新阶段（简称"写"）。在这一阶段，输出暂存器将上一阶段中最终存入的内容，转存入输出锁存器中。而输出锁存器所存入的内容，作为PLC输出的控制信息，通过输出端去驱动输出端所接的外部负载。由于输出锁存器中的内容是PLC在一个扫描周期中对用户程序进行处理后的最终结果，因此，外部负载所获得的控制信息，应是用户程序在一个扫描周期中被扫描、运算后的最终信息。

应当强调，在程序处理阶段，PLC根据用户程序每条指令的需要，以输入暂存器和输出暂存器所寄存的内容作为条件，进行运算，并将运算结果作为输出信号，写入输出暂存器。

而输入暂存器中的内容取决于本周期输入采样阶段时，采样脉冲到来前的瞬间各输入端的状态；通过输出暂存器传送至输出端的信号，则取决于本周期输出刷新阶段前最终写入输出锁存器的内容。

应当说明的是，程序执行的过程因 PLC 的机型不同而略有区别，如有的 PLC，输入暂存器的内容除了在输入采样阶段刷新以外，在程序处理阶段，也间隔一定时间予以刷新。同样，有的 PLC，输出锁存器的刷新除了在输出刷新阶段以外，在程序处理阶段，凡是程序中有输出指令的地方，该指令执行后就立即进行一次输出刷新。有的 PLC，还专门为此设有立即输入、立即输出指令。这些 PLC 在循环扫描工作方式的大前提下，对于某些急需处理、响应的信号，采用了中断处理方式。

从上述分析可知，当 PLC 的输入端有一个输入信号发生变化，到 PLC 输出端对该变化做出响应，需要一段时间，这段时间称为响应时间或滞后时间，这种现象则称为 PLC 输入/输出响应的滞后现象。这种滞后现象产生的原因，虽然是由于输入滤波器有时间常数，输出继电器有机械滞后等，但最主要的，还是来自于 PLC 按周期进行循环扫描的工作方式。

由于 CPU 的运算处理速度很快，因此，PLC 的扫描周期都相当短，对于一般工业控制设备来说，这种滞后还是完全可以允许的。而对于一些输入/输出需要做出快速响应的工业控制设备，PLC 除了在硬件系统上采用快速响应模块、高速计数模块等以外，也可在软件系统上采用中断处理等措施，来尽量缩短滞后时间。同时，作为用户，在用户程序语句的编写安排上，也是完全可以挖掘潜力的。因为 PLC 循环扫描过程中，占机时间最长的是用户程序的处理阶段，所以，对于一些大型的用户程序，如果用户能将它编写得简略、紧凑、合理，也有助于缩短滞后时间。

【自测与练习】

1. 分别用置位复位指令及保持指令完成电动机单向连续运行控制功能。
2. 用一个按钮完成对指示灯的启动、保持、停止的控制功能。

按下该按钮，指示灯点亮；

松开该按钮，指示灯保持点亮；

再次按下该按钮，指示灯关断；

松开该按钮，指示灯保持关断。

【项目工作页】

1．资讯（连续运行控制）

项目任务

完成电动机单向点动运行控制

（1）什么是点动控制功能？

_____

（2）输入输出符号表。

序　号	符　号	地　址	注　释	备　注
1				
2				
3				
4				
5				

2．决策（连续运行控制）

选用的 PLC 机型：

_____

输入输出设备点数：

_____

3．计划（连续运行控制）

填写项目实施计划表。

实施步骤	内　容	进　度	负责人	完成情况
1				
2				
3				
4				

4．实施（连续运行控制）

（1）绘制主电路。

（2）绘制 PLC 输入输出接线图。

0.00	0.01	0.02	0.03	0.04			
10.00	10.01	10.02	10.03	10.04			

（3）绘出梯形图。

5．检查（连续运行控制）

遇到的问题或故障	解 决 方 案	效 果	结论及收获	解 决 人 员

6. 评价（连续运行控制）

自我评价与互评成绩表

自我评价（权重20%）				
技能点	程序设计方法 5分	输入输出设备 5分	功能图绘制 5分	梯形图设计 5分
分数				
项目自评总分				
收获与总结				
改进意见				

☆☆☆ ☆☆☆ ☆☆☆

小组互评（权重30%）				
技能点	输入输出设备 5分	功能图绘制 5分	梯形图设计 10分	系统调试能力 10分
分数				
项目互评总分				
评价意见				

☆☆☆ ☆☆☆ ☆☆☆

教师评价（权重50%）				
技能点	功能图绘制 10分	梯形图设计 10分	系统调试能力 10分	项目整体效果 20分
分数				
教师评价总分				
项目总分				
项目总评				

小组互评表（本组不填）

组　号	输入输出设备 5分	功能图绘制 5分	梯形图设计 10分	系统调试能力 10分
1				
建议或收获*				
2				
建议或收获*				
3				
建议或收获*				
4				
建议或收获*				
5				
建议或收获*				
6				
建议或收获*				
7				
建议或收获*				

*注：建议或收获填写对该组出现问题的分析及建议，以及通过该组观看的成果展示，自己学到了哪些知识或方法。

评分标准

评分内容	配　分	评 分 标 准	扣　分	得　分
新知识	40	PLC 内部存储器划分及内部继电器配置没有掌握，扣1～10分		
		微分指令不理解，扣1～10分		
		置位、复位指令不理解，扣1～10分		
		保持指令使用不理解，扣1～10分		
软件使用	20	操作不熟练，扣1～5分		
		微分指令输入不正确，扣5分		
		置位、复位指令输入不正确，扣1～5分		
		保持指令输入不正确，扣5分		
硬件接线	30	输入输出接线图绘制不正确，扣1～10分		
		接线图设计缺少必要的保护，扣1～10分		
		线路连接工艺差，扣1～10分		
功能实现	10	电动机不能运行，扣10分		
		自锁功能没有实现，扣10分		

项目 3　电动机正反转连续运行 PLC 控制

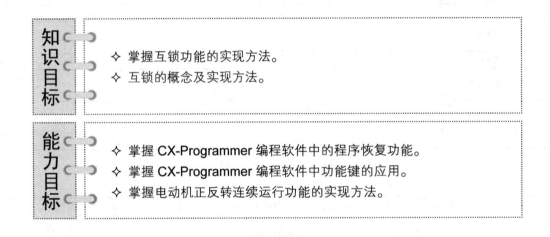

知识目标

◇ 掌握互锁功能的实现方法。
◇ 互锁的概念及实现方法。

能力目标

◇ 掌握 CX-Programmer 编程软件中的程序恢复功能。
◇ 掌握 CX-Programmer 编程软件中功能键的应用。
◇ 掌握电动机正反转连续运行功能的实现方法。

【项目内容（资讯）】

项目 2 我们已经完成了电动机的单向连续运行控制，在工业应用领域，很多运动部件都需要两个相反方向的运行，如刀具的进刀/退刀，铣床的顺铣/逆铣，工作台的上升/下降等，类似功能的实现，多数情况是依靠电动机的正反转实现的，因此在项目 2 的基础上，要完成电动机的可逆连续运行功能。

【项目分析（决策）】

正反转（可逆）运行控制：所谓正反转运行，即电动机可以朝两个方向旋转，既可以顺时针旋转，也可以逆时针旋转。实现该功能的控制方案有很多，常用的有以下两种。

（1）正—停—反功能：只有电气互锁。

具体功能如下。

电动机正转：给定正转的启动信号（比如按下正转启动按钮），电动机正转并自锁，此时，反转的启动信号是无效的，即使给定反转的启动信号（如按下反转启动按钮）电动机运行状态不发生变化。

电动机反转：如果需要切换到反转功能，则必须先给定电动机停止运行信号（如按下停止按钮），使电动机停止，然后再给定反转的启动信号（如按下反转启动按钮），电动机反转并自锁，此时，正转的启动信号是无效的，即使给定正转的启动信号（如按下正转启动按钮）电动机运行状态不发生变化。

电动机停止：无论电动机处于正转还是反转状态，只要给定停止信号（停止按钮、过载、超限位等），电动机断电，停止运行。

换向功能：如果电动机先反转，然后再正转，控制功能与上述过程相似，只是先给定的是反向运行信号而已，同学们可以自己进行分析。

（2）正—反—停功能：具有双重互锁，按钮机械互锁和电气互锁。

具体功能如下。

电动机正转：给定正转的启动信号（如按下正转启动按钮），电动机正转并自锁。

电动机反转：如果需要切换到反转功能，可以直接给定电动机反转的启动信号（如按下反转启动按钮），则电动机迅速切换到反转并自锁。

电动机停止：无论电动机处于正转还是反转状态，只要给定停止信号（停止按钮、过载、超限位等），电动机断电，停止运行。

换向功能：电动机可以在正反运行状态之间直接切换，从反转切换成正转的过程，同学们可以自己进行分析。

传统的继电器-接触器控制方式若要实现电动机的正反转连续运行控制，同样要依靠一些常用的低压电器，并按照一定的逻辑关系连接起来才能实现。如果要用 PLC 实现同样的功能，电动机的连续运行控制的主电路是不改变的，而控制部分则依靠 PLC 的程序控制功能完成，完成该项目步骤同项目 2 相同：

（1）设计主电路；

（2）确定输入输出设备；

（3）设计 PLC 输入输出接线图；

（4）进行 PLC 程序设计；

（5）进行系统的调试。

在前几个项目的基础上，项目 3 我们已经能够独立完成，只是从安全角度考虑，在程序中还必须完成"互锁"功能，因此在该项目中，首先学习"互锁"功能的实现方法，再继续教几招软件操作方法，然后就可以轻松的完成第三个工程项目了。

【项目新知识点学习资料】

3.1 "互锁"及其功能的实现

传统的继电器-接触器控制方式中，如果电动机的换向采用两个接触器方式实现，要求两个接触器一定不能同时得电，否则会发生短路故障，因此其控制电路必须实现两个接触器的"互锁"，相对于软件而言，我们把其称为"硬互锁"。实现的方式就是把两个接触器的常闭触点分别交叉串联在对方的接触器的前面。

在软件程序设计中，凡是不允许同时得电的负载，都必须在程序中实现其"互锁"功能，称其为"软互锁"。实现的方法与"硬互锁"非常相似，即把两个不允许同时得电的线圈的常闭触点分别交叉串联在对方的线圈前面，如图3.1所示。

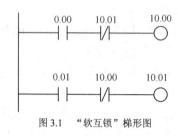

图3.1 "软互锁"梯形图

3.2 软件操作方法：恢复程序及功能键输入程序

1. 恢复到程序修改前
在程序输入过程中出现误操作等情况时，若执行恢复到程序修改前，则可以进行如下操作。

（1）菜单操作法：选择[编辑（E）]菜单中的[撤销（O）]。

（2）键盘操作法：按 Ctrl + Z 组合键。

（3）工具操作法：单击工具栏里 ⌒ 图标。

2. 使用功能键输入程序
（1）输入常开触点 0.00。

输入示范程序第1行中的 0.00。将光标移动到程序显示区域的左上角，按如下操作步骤输入触点。

① 按 C 键，输入区会显示：[新触点 ● 颜色材 确定 取消]。

② 在键盘输入 0.00。

③ 按回车键确定所输入的指令，再输入注释。

④ 按回车键确定。

（2）应注意的问题。

① 需要绘制横线时，按 H（—）键或 Ctrl+→（Ctrl+←）组合键（删除横线则按 H 键或 Del 键）。

按 V（丨）键或 Ctrl+↓（Ctrl+↑）组合键则在当前光标位置的左侧输入竖线（删除竖线则按 V 键或者 Del 键）。

② 当对回路进行组合时，用→ ← ↑ ↓键移动光标的同时，输入触点，再通过 H（—）键和 V（丨）键将各部分相连。

（3）微分指令的功能键输入。

在学习微分指令时，上升沿微分指令是 DIFU（13），那么"（13）"代表什么呢？这里就要说一说"（13）"的作用。

① 按 I 键，输入区会显示：[图] 。

② 此时再输入 13，输入区会显示：[图] 。

③ 按空格键，输入 200.00，再按回车键，输入注释。

④ 按回车键确认。

这样上升沿微分指令就输入好了。其余的指令只要是带有"（）"的，都可以这种以形式输入。

（4）此外，在欧姆龙 PLC 中，还有一些功能键，这里不再一一列举陈述，如表 3.1 所示。

表 3.1   功能键一览表

功 能 键 号	工具栏图标	功 能
C	╫	新常开触点
W	╜╠	新并联常开触点
O	─◇─	新线圈
/	╫	新常闭触点
W	╜╠	新并联常闭触点
Q	∅	新常闭线圈
I	目	新指令
Ctrl+W	🔺	在线工作
Ctrl+1	▦	编程
Ctrl+3	▦	监视
Ctrl+4	▦	运行
Ctrl+J		强制开
Ctrl+K		强制关
Ctrl+L		取消强制
N		下一地址
B		前一地址
L		注释
SPACE		相互查找
Ctrl+Shift+I		功能键显示/隐藏

【项目实施】

项目 2 是用 PLC 实现电动机的单向连续运行控制，下面介绍用 PLC 完成电动机双向运行控制功能的具体实施方案。

1. 电动机正反转连续运行 PLC 控制主电路

PLC 完成电动机正反转连续运行控制功能是对控制电路的改造，而其主电路是与传统的继-接方式实现电动机的正反转连续运行控制的主电路相同的，如图 3.2 所示。

2. 电动机正反转连续运行 PLC 控制电路

我们已经知道，用 PLC 的控制功能完成相应的工程首先要分析工程控制要求，熟悉工作过程，然后确定输入/输出地址及功能，接下来绘制 PLC 的 I/O 硬件接线图，编写 PLC 控制程序，最后进行系统的调试。

（1）电动机正反转连续运行输入/输出地址及功能。

电动机正反转连续运行输入/输出地址分配如表 3.2 所示。

表 3.2　　　　　　　　　电动机正反转连续运行输入/输出地址分配表

	符　号	功　能	地　址
输入设备	SB1	正向启动按钮（常开接点）	0.00
	SB2	反向启动按钮（常开接点）	0.01
	SB3	停止按钮（常闭接点）	0.02
	FR	热继电器（常闭接点）	0.03
输出设备	KM1	正向接触器（线圈）	10.00
	KM2	反向接触器（线圈）	10.01

（2）电动机正反转连续运行 PLC 的 I/O 硬件接线图。

图 3.3 所示为电动机正反转连续运行 PLC 的 I/O 硬件接线图，其中输入设备的电源采用 24V 直流，如果其他项目中的输入设备包含其他电压等级或电压类型的传感器，则不能简单的采用 24V 直流，需根据实际情况具体实现。图 3.3 中的熔断器 FU2 主要作用是保护 PLC 和输出设备，一般情况下不可省略。输出设备中的电源类型及等级是由负载决定的，本例中的接触器采用的是线圈额定电压为交流 110V 的交流接触器，所以，电源电压采用交流 110V。

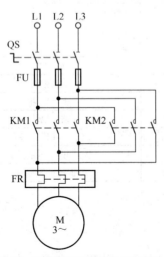

图 3.2　电动机正反转连续运行主电路

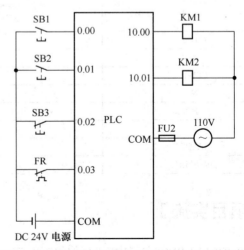

图 3.3　电动机正反转连续运行 PLC 控制的 I/O 硬件接线图

（3）电动机正反转连续运行 PLC 的程序设计梯形图如图 3.4 所示。

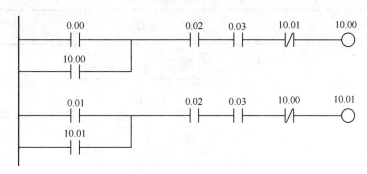

图 3.4　电动机正反转连续运行梯形图

梯形图说明如下。

① 按下正向启动按钮 SB1，SB1 常开接点接通，则 0.00 接通，0.00 常开接点闭合，10.00 得电，从而使正向接触器线圈 KM1 得电，接触器线圈 KM1 得电使得接触器本身的触点动作，常开主触点接通，最终使电动机得电正向启动并运行。

② 按下停止按钮 SB3，SB3 常闭接点断开，则 0.02 断开，0.02 常开接点断开，10.00 或 10.01 断电，从而使接触器线圈断电，接触器线圈断电使得接触器本身的触点复位，常开主触点断开，最终使电动机断电并停止。

③ 按下反向启动按钮 SB2，SB2 常开接点接通，则 0.01 接通，0.01 常开接点闭合，10.01 得电，从而使反向接触器线圈 KM2 得电，接触器线圈 KM2 得电使得接触器本身的触点动作，常开主触点接通，最终使电动机得电反向启动并运行。

④ 如果发生过载，热继电器 FR 动作，常闭接点断开，则 0.03 断开，0.03 常开接点断开，10.00 或 10.01 断电，从而使接触器线圈断电，接触器线圈断电使得接触器本身的触点复位，常开主触点断开，最终使电动机断电并停止，实现过载保护。

3. 实践操作

实现工作台自动往复运行控制。

控制功能：工作台两端分别设有限位开关，按下启动按钮后，工作台自动在两个限位开关之间往复运行。按下停止按钮，工作台立即停止运行。要求有过载保护。

项目要求：填写 I/O 地址分配表，绘制 I/O 接线图，编写梯形图。

4. 程序调试及软件操作流程

利用功能键输入并编辑程序：

（1）CX-Programmer 软件的启动；

（2）创建新文件；

（3）选择 PLC 机型；

（4）在离线状态下开始输入程序；

（5）输入程序。

第 1 个逻辑行的输入，如表 3.3 所示。

表3.3   第1个逻辑行输入方法

①	C （ ┤├ ）
	0.00 确定 确定
②	C （ ┤├ ）
	0.02 确定 确定
③	C （ ┤├ ）
	0.03 确定 确定
④	I （ ┤/├ ）
	10.01 确定 确定
⑤	O （ ─○─ ）
	10.00 确定 确定
⑥	W （ ┤↓├ ）
	0.00 确定 确定

第2个逻辑行的输入方法与第1行相同，只需要把相应的地址更换一下即可，完成整个程序的输入操作。

（6）编译程序，Ctrl + F7；

（7）在线工作，Ctrl + W；

（8）传入 PLC，Ctrl+T；

（9）运行程序；

（10）监控程序；

（11）调试程序。

① 按下正转按钮 0.00，则 10.00 得电并自锁，电动机正向连续旋转。

② 按下反转按钮 0.01，电动机运行状态没有变化。

③ 按下停止按钮 10.00 断电，电动机停止旋转。

④ 按下反转按钮 0.01，则 10.01 得电并自锁，电动机反向连续旋转。

⑤ 按下停止按钮 10.01 断电，电动机停止旋转。

⑥ 无论电动机正转还是反转，给出过载信号，10.00 或 10.01 断电，电动机停止旋转。

⑦ 实现电动机的正反转连续运行控制。

实用资料：PLC 的一般技术规格及技术性能

1. PLC 的一般技术规格

PLC 的一般技术规格，主要指的是 PLC 所具有的电气、机械、环境等方面的规格。各厂家的项目各不相同，大致有如下几种。

（1）电源电压：PLC 所需要外接的电源电压，通常分为交流、直流两种电源形式。

（2）允许电压范围：PLC 外接电源电压所允许的波动范围，也分为交流、直流电源两种形式。

（3）消耗功率：PLC 所消耗的电功率的最大值，与上面相对应，也分为交流、直流电源两种形式。

（4）冲击电流：PLC 能承受的冲击电流的最大值。

（5）绝缘电阻：交流电源外部所有端子与外壳端间的绝缘电阻。

（6）耐压：交流电源外部所有端子与外壳端间，1min 内可承受的交流电压的最大值。

（7）抗干扰性：PLC 可以抵抗的干扰脉冲的峰-峰值、脉宽、上升沿。

（8）抗振动：PLC 能承受的机械振动的频率、振幅、加速度及在 X、Y、Z 3 个方向的时间。

（9）耐冲击：PLC 能承受的冲击力的强度及 X、Y、Z 3 个方向的次数。

（10）环境温度：使用 PLC 的温度范围。

（11）环境湿度：使用 PLC 的湿度范围。

（12）环境气体状况：使用 PLC 时，是否允许周围有腐蚀气体等方面的气体环境要求。

（13）保存温度：保存 PLC 所需的温度范围。

（14）电源保持时间：保存 PLC 要求电源保持的最短时间。

2. PLC 的基本技术性能

PLC 的技术性能，主要是指 PLC 所具有的软、硬件方面的性能指标。由于各厂家的 PLC 产品的技术性能均不相同，且各具特色，因此，不可能一一介绍，只能介绍一些基本的技术性能。

（1）输入/输出控制方式：指循环扫描及其他的控制方式，如即时刷新、直接输出等。

（2）编程语言：指编制用户程序时所使用的语言。

（3）指令长度：一条指令所占的字数或步数。

（4）指令种类：PLC 具有基本指令、特殊指令的数量。

（5）扫描速度：一般以执行 1 000 步指令所需的时间来衡量，故单位为 ms/k 步，有时也以执行一步的时间计，如 μs/步。

（6）程序容量：PLC 对用户程序的最大存储容量。

（7）最大 I/O 点数：用本体和扩展分别表示在不带扩展、带扩展两种情况下的最大 I/O 总点数。

（8）内部继电器种类及数量：PLC 内部有许多软继电器，用于存放变量状态、中间结果、数据，进行计数、计时等，可供用户使用，其中一些还给用户提供许多特殊功能，以简化用户程序的设计。

（9）特殊功能模块：特殊功能模块可完成某一种特殊的专门功能，它们数量的多少、功能的强弱，常常是衡量 PLC 产品水平高低的一个重要标志。

（10）模拟量：可进行模拟量处理的点数。

（11）中断处理：可接受外部中断信号的点数及响应时间。

3. PLC 的内存分配及 I/O 点数

在使用 PLC 之前，深入了解 PLC 内部继电器和寄存器的配置和功能以及 I/O 分配情况，对使用 PLC 是至关重要的。下面介绍一般 PLC 产品的内部寄存器区的划分情况，每个区分配一定数量的内存单元，并按不同的区命名编号。

（1）I/O 继电器区。

I/O 区的寄存器可直接与 PLC 外部的输入、输出端子传递信息。这些 I/O 寄存器在 PLC 中具有"继电器"的功能，即它们有自己的"线圈"和"触点"，故在 PLC 中又常称这一寄存器区为"I/O 继电器区"。每个 I/O 寄存器由一个字（16 位）组成，每位对应 PLC 的一个外部端子，称作一个 I/O 点。I/O 寄存器的个数乘以 16 等于 PLC 总的 I/O 点数。如某 PLC 有 10 个 I/O 寄存器，则该 PLC 共有 160 个 I/O 点。在程序中，每个 I/O 点又都可以看成是一个"软继电器"，有常开触点，也有常闭触点。不同型号的 PLC 配置有不同数量的 I/O 点，一般小型的 PLC 主机有十几个至几十个 I/O 点。若一台 PLC 主机的 I/O 点数不够，可进行 I/O 扩展。

（2）内部通用继电器区。

这个区的寄存器与 I/O 区结构相同，既能以字为单位使用，也能以位为单位使用。不同之处在于它们只能在 PLC 内部使用，而不能直接进行输入输出控制。其作用与中间继电器相似，在程序控制中可存放中间变量。

（3）数据寄存器区。

这个区的寄存器只能按字使用，不能按位使用，一般只用来存放各种数据。

（4）特殊继电器、寄存器区。

这两个区的继电器和寄存器的结构并无特殊之处，也是以字或位为一个单元。但它们都被系统内部占用，专门用于某些特殊目的，如存放各种标识、标准时钟脉冲、计数器和定时器的设定值和经过值、自诊断的错误信息等。这些区的继电器和寄存器一般不能由用户任意占用。

（5）系统寄存器区。

系统寄存器区一般用来存放各种重要信息和参数，如各种故障检测信息、各种特殊功能的控制参数以及 PLC 产品出厂时的设定值。这些信息和参数保证 PLC 的正常工作。这些信息有的可以修改，有的是不能修改的。当需要修改系统寄存器时，必须使用特殊的命令，这些命令的使用方法见有关的使用手册，而通过用户程序，不能读取和修改系统寄存器的内容。

【自测与练习】

（1）分别用置位复位指令及保持指令完成电动机正反转连续运行控制功能。

（2）如果正向运行的启动按钮常开触点粘连，会发生什么故障？如何排除该故障？软件程序如何优化，才能防止发生按钮触点粘连时，电动机无法正常停止。

在适当的位置使用微分 DIFU 指令，可以轻松解决问题。

【项目工作页】

1. 资讯（正反转控制）

项目任务

完成电动机正反转运行控制

（1）常用的正反转控制方案是什么？

_____

（2）"互锁"功能如何实现？

_____

（3）输入输出符号表。

序　号	符　号	地　址	注　释	备　注
1				
2				
3				
4				
5				

2. 决策（正反转控制）

采用的控制方案：

_____

输入输出设备点数：

_____

3. 计划（正反转控制）

填写项目实施计划表。

实施步骤	内　容	进　度	负　责　人	完成情况
1				
2				
3				
4				

4. 实施（正反转控制）

（1）绘制主电路。

（2）绘制 PLC 输入输出接线图。

0.00	0.01	0.02	0.03	0.04			
10.00	10.01	10.02	10.03	10.04			

（3）绘出梯形图。

5. 检查（正反转控制）

遇到的问题或故障	解　决　方　案	效　　果	结论及收获	解　决　人　员

6. 评价（正反转控制）

自我评价与互评成绩表

自我评价（权重 20%）

技能点	程序设计方法 5分	输入输出设备 5分	功能图绘制 5分	梯形图设计 5分
分数				
项目自评总分				
收获与总结				
改进意见				

☆☆☆ ☆☆☆ ☆☆☆

小组互评（权重 30%）

技能点	输入输出设备 5分	功能图绘制 5分	梯形图设计 10分	系统调试能力 10分
分数				
项目互评总分				
评价意见				

☆☆☆ ☆☆☆ ☆☆☆

教师评价（权重 50%）

技能点	功能图绘制 10分	梯形图设计 10分	系统调试能力 10分	项目整体效果 20分
分数				
教师评价总分				
项目总分				
项目总评				

小组互评表（本组不填）

组　号	输入输出设备 5分	功能图绘制 5分	梯形图设计 10分	系统调试能力 10分
1				
建议或收获*				
2				
建议或收获*				
3				
建议或收获*				
4				
建议或收获*				
5				
建议或收获*				
6				
建议或收获*				
7				
建议或收获*				

*注：建议或收获填写对该组出现问题的分析及建议，以及通过该组观看的成果展示，自己学到了哪些知识或方法。

评分标准

评分内容	配　分	评分标准	扣　分	得　分
新知识	10	互锁概念不理解，扣1～10分		
软件使用	30	操作不熟练，扣1～10分		
		恢复功能没有掌握，扣1～10分		
		功能键掌握不熟练，扣1～10分		
硬件接线	30	输入输出接线图绘制不正确，扣1～10分		
		接线图设计缺少必要的保护，扣1～10分		
		线路连接工艺差，扣1～10分		
功能实现	30	互锁功能没有实现，扣5分		
		电动机不能正转，扣5分		
		电动机不能反转，扣5分		
		电动机不能自锁，扣5分		
		电动机不能停止，扣5分		
		热继电器动作电动机不能停止，扣5分		

项目 4 电动机正反转两地启停 PLC 控制

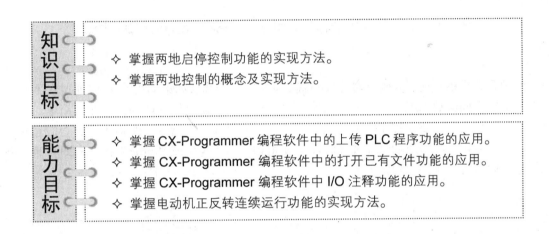

知识目标
- ◇ 掌握两地启停控制功能的实现方法。
- ◇ 掌握两地控制的概念及实现方法。

能力目标
- ◇ 掌握 CX-Programmer 编程软件中的上传 PLC 程序功能的应用。
- ◇ 掌握 CX-Programmer 编程软件中的打开已有文件功能的应用。
- ◇ 掌握 CX-Programmer 编程软件中 I/O 注释功能的应用。
- ◇ 掌握电动机正反转连续运行功能的实现方法。

【项目内容（资讯）】

项目 3 我们已经完成了电动机的正反转连续运行控制，在有些工业应用领域，由于控制的实际需要，都要求对同一个负载可以在不同的地方进行同样的控制，或者给定不同的信号完成同样的控制功能，因此在项目 3 的基础上，我们要完成电动机的可逆连续运行的两地控制功能。

【项目分析（决策）】

电动机正反转两地启停控制：所谓两地启停控制，即电动机的启动与停止分别可以通过两个按钮完成，即两个功能相同的启动按钮，两个功能相同的停止按钮。两个按钮的位置，可以根据实际工程的需要设在不同的地方，实现对同一负载的两地控制。

要实现电动机的正反转连续运行两地启停控制，只需要在原有项目 3 电动机正反转控制程序的基础上稍加改动即可，其主电路与电动机的连续运行控制的主电路是一样的，完成该项目步骤与以往相同：

（1）设计主电路；

（2）确定输入输出设备；

（3）设计 PLC 输入输出接线图；

（4）进行 PLC 程序设计；

（5）进行系统的调试。

在该项目中，我们首先学习"两地"控制功能的实现方法，再继续教几招软件操作方法，然后就可以轻松的完成第 4 个工程项目了。

【项目新知识点学习资料】

4.1 "两地控制"功能的实现

如项目分析中所述，两地控制的核心就是对同一个设备（如电动机），可以通过在不同的地方，给定不同的启动或停止信号，来实现对该设备的控制。该功能的实现非常简单，对于启动信号，我们只需要在程序中使用相应的"或"或"或非"指令，即将两个启动信号并联即可；对于停止信号，我们只需要在程序中使用相应的"与"或"与非"指令，即将两个停止信号串联即可（见图 4.1）。

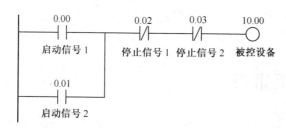

图 4.1 "两地控制"梯形图

4.2 软件操作方法

1. 上传 PLC 程序功能

有时候我们需要读取 PLC 内部的程序，以便完成某些功能，具体的操作方法如下：

（1）按 Ctrl+Shift+T 组合键；

（2）鼠标左键单击工具栏 按钮；

（3）菜单栏 PLC → 传送 → 从 PLC 。

2. 打开已有文件功能

打开已有文件的方法与 Word 的操作方法相同：

（1）鼠标左键单击图标 ；

（2）菜单栏 文件【F】 → 打开 。

3．注释功能

前面我们学过了在输入指令的时候可以注释，现在我们学习一下另外一种注释的方法。

（1）首先打开 CX-Programmer 软件。

（2）菜单栏 编辑【E】 → I/O 注释 。

（3）此时进入如图 4.2 所示界面。

（4）区域类型可以选择 I/O 位、I/O 通道、CNT 位、TIM 位等。

（5）此时便可以输入注释，如图 4.2 所示输入，0.00 的注释就为启动。

（6）注释输入完毕之后，双击左边工程工作区的 段 1 即可返回到程序输入界面。

【项目实施】

项目 3 实现电动机的正反转连续运行控制，在此基础上介绍用 PLC 完成电动机双向运行两地启停控制功能的具体实施方案。

1．电动机正反转连续运行两地启停控制主电路

PLC 完成电动机正反转连续运行两地启停控制功能，其主电路与电动机正反转连续运行控制的主电路完全相同，如图 4.3 所示。

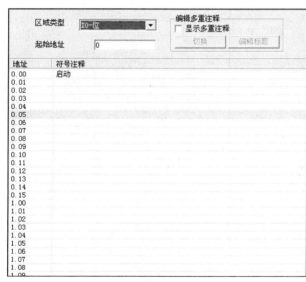

图 4.2　注释功能界面

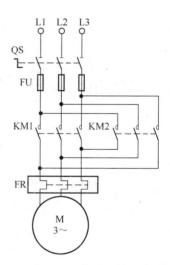

图 4.3　电动机正反转主电路图

2．电动机正反转连续运行两地启停控制电路

我们已经知道，用 PLC 的控制功能完成相应的工程首先要分析工程控制要求，熟悉工作过程，然后确定输入/输出地址及功能，接下来绘制 PLC 的 I/O 硬件接线图，编写 PLC 控制程序，最后进行系统的调试。

（1）电动机正反转连续运行两地启停控制输入/输出地址及功能。

电动机双向连续运行两地启停控制输入/输出地址分配如表 4.1 所示。

表 4.1　　　　　　　　　　　电动机双向连续运行两地启停控制输入/输出地址分配表

	符　号	功　能	地　址
输入设备	SB1	正向启动按钮1（常开接点）	0.00
	SB2	正向启动按钮2（常开接点）	0.01
	SB3	反向启动按钮1（常开接点）	0.02
	SB4	反向启动按钮2（常开接点）	0.03
	SB5	停止按钮1（常闭接点）	0.04
	SB6	停止按钮2（常闭接点）	0.05
	FR	热继电器（常闭接点）	0.06
输出设备	KM1	正向接触器（线圈）	10.00
	KM2	反向接触器（线圈）	10.01

（2）电动机正反转连续运行两地启停 PLC 的 I/O 硬件接线图。

图 4.4 所示为电动机正反转连续运行两地启停 PLC 的 I/O 硬件接线图，其中输入设备的电源采用 24V 直流，如果其他项目中的输入设备包含其他电压等级或电压类型的传感器，则不能简单的采用 24V 直流，需根据实际情况具体实现。图 4.4 中熔断器 FU2 的主要作用是保护 PLC 和输出设备，一般情况下不可省略。输出设备中的电源类型及等级是由负载决定的，本例中的接触器采用的是线圈额定电压为交流 110V 的交流接触器，所以，电源电压采用交流 110V。

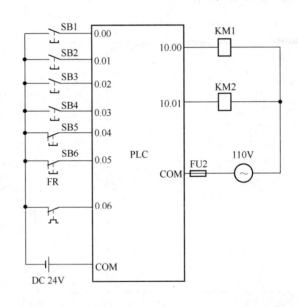

图 4.4　电动机正反转连续运行两地启停 PLC 控制的 I/O 硬件接线图

（3）电动机正反转连续运行两地启停控制 PLC 的程序设计，如图 4.5 所示。

梯形图说明如下。

① 按下正向启动按钮 SB1 或 SB2，则 0.00 或 0.01 接通，0.00 或 0.01 常开接点闭合，10.00 得电，从而使正向接触器线圈 KM1 得电，接触器线圈 KM1 得电使得接触器本身的触点动作，常开主触点接通，最终使电动机得电正向启动并运行。

② 按下停止按钮 SB5 或 SB6，则 0.04 或 0.05 断开，0.04 或 0.05 常开接点断开，10.00

或 10.01 断电，从而使接触器线圈断电，接触器线圈断电使得接触器本身的触点复位，常开主触点断开，最终使电动机断电并停止。

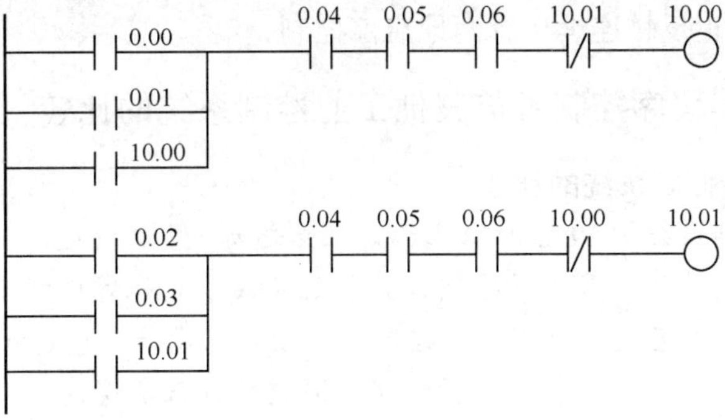

图 4.5 电动机正反转连续运行两地启停控制 PLC 的梯形图

③ 按下反向启动按钮 SB3 或 SB4，则 0.02 或 0.03 接通，0.02 或 0.03 常开接点闭合，10.01 得电，从而使反向接触器线圈 KM2 得电，接触器线圈 KM2 得电使得接触器本身的触点动作，常开主触点接通，最终使电动机得电反向启动并运行。

④ 如果发生过载，热继电器 FR 动作，常闭接点断开，则 0.06 断开，0.06 常开接点断开，10.00 或 10.01 断电，从而使接触器线圈断电，接触器线圈断电使得接触器本身的触点复位，常开主触点断开，最终使电动机断电并停止，实现过载保护。

3. 实践操作

实现电动机正反转连续运行三地启停控制。

控制功能：同一台电动机的启停控制可以在 3 个不同的地方进行控制，要求有过载保护。

项目要求：填写 I/O 地址分配表，绘制 I/O 接线图，编写梯形图。

4. 程序调试及软件操作流程

利用功能键输入并编辑程序：

（1）启动 CX-Programmer 软件；

（2）创建新文件；

（3）选择 PLC 机型；

（4）在离线状态下开始输入程序；

（5）输入程序；

（6）编译程序，Ctrl + F7；

（7）在线工作，Ctrl+W；

（8）传入 PLC，Ctrl+T；

（9）运行程序；

（10）监控程序；

（11）调试程序。

① 按下正转启动按钮 0.00 或 0.01，则 10.00 得电并自锁，电动机正向连续旋转。

② 按下反转启动按钮 0.02 或 0.03，电动机运行状态没有变化。

③ 按下停止按钮 0.04 或 0.05，10.00 断电，电动机停止旋转。

④ 按下反转按钮 0.02 或 0.03，则 10.01 得电并自锁，电动机反向连续旋转。

⑤ 按下停止按钮 0.04 或 0.05，10.01 断电，电动机停止旋转。

⑥ 无论电动机正转还是反转，给出过载信号，10.00 或 10.01 断电，电动机停止旋转。

⑦ 实现电动机的正反转连续运行两地启停控制。

实用资料：可编程序控制器与其他工业控制系统的比较

1．PLC 与继电器控制系统的比较

传统的继电器控制系统被 PLC 所取代已是必然趋势。继电器控制柜是针对一定的生产机械、固定的生产工艺设计的，采用硬接线方式装配而成，只能完成既定的逻辑控制、定时、计数等功能，一旦生产工艺过程改变，则控制柜必须重新设计、重新配线。而 PLC 由于应用了微电子技术和计算机技术，各种控制功能都是通过软件来实现的，只要改变程序并改动少量的接线端子，就可适应生产工艺的改变。从适应性、可靠性、方便性及设计、安装、维护等方面比较，PLC 都有显著的优势。因此在用微电子技术改造传统产业的过程中，传统的继电器控制系统大多数将被 PLC 所取代。

2．PLC 与集散控制系统的比较

PLC 与集散控制系统在发展过程中，始终是互相渗透互为补充。它们分别由两个不同的古典控制设备发展而来。PLC 是由继电器逻辑控制系统发展而来，所以它在数字处理、顺序控制方面具有一定的优势，初期主要侧重于开关量顺序控制方面。集散控制系统（DCS）是由单回路仪表控制系统发展而来的，所以它在模拟量处理、回路调节方面具有一定优势，初期主要侧重于回路调节功能。这两种设备都随着微电子技术、大规模集成电路技术、计算机技术、通信技术等的发展而发展，同时都向对方扩展自己的技术功能。PLC 在 20 世纪 60 年代问世之后，于 20 世纪 70 年代进入了实用化阶段，8 位、16 位、32 位微处理器和各种位片式处理器的应用，使它在技术和功能上发生了飞跃，在初期的逻辑运算功能的基础上，增加数值运算、闭环调节等功能，其运算速度提高，输入输出范围与规模扩大。PLC 与上位计算机之间相互联成网络，构成以可编程序控制器为主要部件的初期控制系统。集散控制系统自 20 世纪 70 年代问世之后，发展非常迅速，特别是单片微处理器的广泛应用和通信技术的成熟，把顺序控制装置、数据采集装置、过程控制的模拟量仪表、过程监控装置有机地结合在一起，产生了满足不同要求的集散控制系统。

现代 PLC 的模拟量控制功能很强，多数都装备了各种智能模块，以适应生产现场的多种特殊要求，具有了 PID 调节功能和构成网络系统组成分级控制的功能以及集散系统所完成的功能。集散控制系统既有单回路控制系统，也有多回路控制系统，同时也具有顺序控制功能。到目前为止，PLC 与集散控制系统的发展越来越接近，很多工业生产过程既可以用 PLC，也可以用集散控制系统实现其控制功能。综合 PLC 和集散控制系统各自的优势，把二者有机地结合起来，可形成一种新型的全分布式的计算机控制系统。

3．PLC 与工业控制计算机的比较

工业控制计算机是通用微型计算机适应工业生产控制要求发展起来的一种控制设备。硬件结构方面总线标准化程度高、兼容性强，而软件资源丰富，特别是有实时操作系统的支持，故对要求快速、实时性强、模型复杂、计算工作量大的工业对象的控制占有优势。但是，使用工业控制计算机控制生产工艺过程，要求开发人员具有较高的计算机专业知识和微机软件

编程的能力。

PLC最初是针对工业顺序控制应用而发展起来的，硬件结构专用性强，通用性差，很多优秀的微机软件也不能直接使用，必须经过二次开发。但是，PLC使用了工厂技术人员熟悉的梯形图语言编程，易学易懂，便于推广应用。

从可靠性方面看，PLC是专为工业现场应用而设计的，结构上采用整体密封件或插件组合型，并采取了一系列抗干扰措施，具有很高的可靠性。而工控机虽然也能在恶劣的工业环境可靠运行，但毕竟是由通用机发展而来，在整体结构上要完全适应现场生产环境，还要做工作。另一方面，PLC用户程序是在PLC监控程序的基础上运行的，软件方面的抗干扰措施，在监控程序里已经考虑得很周全，而工控机用户程序则必须考虑抗干扰问题，一般的编程人员很难考虑周全。这也是工控机系统应用比PLC系统应用可靠性低的原因。

尽管现代PLC在模拟量信号处理、数值运算、实时控制等方面有了很大提高，但在模型复杂、计算量大且较难、实时性要求较高的环境中，工业控制机则更能发挥其专长。

【自测与练习】

（1）分别用置位复位指令及保持指令完成电动机正反转连续运行两地控制功能。

（2）适当的位置使用微分DIFU指令，用以防止启动按钮的常开触点粘连或卡住的问题。

【项目工作页】

1. 资讯（正反转两地控制）

项目任务

完成电动机正反转运行两地启停控制

（1）常用的正反转控制两地启停控制方案是什么？

_____

（2）输入输出符号表。

序　号	符　号	地　址	注　释	备　注
1				
2				
3				
4				
5				
6				
7				
8				

2. 决策（正反转两地控制）

采用的控制方案：

_____

输入输出设备点数：

_____

3. 计划（正反转两地控制）

填写项目实施计划表。

实施步骤	内　容	进　度	负　责　人	完成情况
1				
2				
3				
4				

4．实施（正反转两地控制）

（1）绘制主电路。

（2）绘制 PLC 输入输出接线图。

0.00	0.01	0.02	0.03	0.04			
10.00	10.01	10.02	10.03	10.04			

（3）绘出梯形图。

5．检查（正反转两地控制）

遇到的问题或故障	解 决 方 案	效 果	结论及收获	解 决 人 员

6．评价（正反转两地控制）

自我评价与互评成绩表

自我评价（权重20%）				
技能点	程序设计方法 5分	输入输出设备 5分	功能图绘制 5分	梯形图设计 5分
分数				
项目自评总分				
收获与总结				
改进意见				
☆☆☆ ☆☆☆ ☆☆☆				
小组互评（权重30%）				
技能点	输入输出设备 5分	功能图绘制 5分	梯形图设计 10分	系统调试能力 10分
分数				
项目互评总分				
评价意见				
☆☆☆ ☆☆☆ ☆☆☆				
教师评价（权重50%）				
技能点	功能图绘制 10分	梯形图设计 10分	系统调试能力 10分	项目整体效果 20分
分数				
教师评价总分				
项目总分				
项目总评				

小组互评表（本组不填）

组　号	输入输出设备 5分	功能图绘制 5分	梯形图设计 10分	系统调试能力 10分
1				
建议或收获*				
2				
建议或收获*				
3				
建议或收获*				
4				
建议或收获*				
5				
建议或收获*				
6				
建议或收获*				
7				
建议或收获*				

*注：建议或收获填写对该组出现问题的分析及建议，以及通过该组观看的成果展示，自己学到了哪些知识或方法。

评分标准

评分内容	配　分	评分标准	扣　分	得　分
新知识	10	两地控制概念不理解，扣1~10分		
软件使用	30	上传PLC程序功能没有掌握，扣10分		
		打开已有文件功能没有掌握，扣10分		
		I/O注释功能没有掌握，扣10分		
硬件接线	30	输入输出接线图绘制不正确，扣1~10分		
		接线图设计缺少必要的保护，扣1~10分		
		线路连接工艺差，扣1~10分		
功能实现	30	两地启动功能没有实现，扣5分		
		两地停止功能没有实现，扣5分		
		两地反转功能没有实现，扣5分		
		电动机不能自锁，扣5分		
		没有互锁功能，扣5分		
		热继电器动作电动机不能停止，扣5分		

项目 5　工作台自动往复运行 PLG 控制

知识目标

- ✧ 掌握自动往复运行控制功能的实现方法。
- ✧ 掌握自动往复运行的概念及实现方法。

能力目标

- ✧ 掌握 CX-Programmer 编程软件中的替换功能的应用。
- ✧ 掌握 CX-Programmer 编程软件中的改变模型功能的应用。
- ✧ 掌握工作台自动往复运行功能的实现方法。

【项目内容（资讯）】

项目 4 我们已经完成了电动机的正反转连续运行两地控制，但项目 4 的控制功能都是手动进行的，在很多工程应用领域，都需要电动机正反转的切换可以自动进行，即给定启动信号后，电动机可以根据不同的信号实现自动正反转的切换。如果该技术应用在工作台的控制上，实现的就是工作台的自动往复运行控制。只要在项目 4 的基础上增加自动往复控制信号，就可以轻松完成工作台的自动往复运行控制功能。

【项目分析（决策）】

工作台的自动往复运行：所谓自动往复运行，即只要给定启动信号，被控制的工作台就可以在任意的两个固定位置之间来回自动往复运行，如图 5.1 所示。

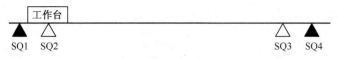

图 5.1　自动往复运动工作台

其中 SQ2 为左限位开关，SQ3 为右限位开关，由这两个开关完成位置检测功能，使工作台在左右限位之间移动。一般来讲，为了防止超限位故障的出现，限位开关的两端，都设有极限保护，其中 SQ1 为左极限限位开关，完成左极限限位的保护，一旦 SQ2 发生故障工作台没有停下来，可以由 SQ1 控制工作台停止，通常用作极限限位保护的限位开关都接常闭触点，因此 SQ1 外接的也是常闭触点；同样的道理，SQ4 为右极限限位开关，完成右极限限位的保护，一旦 SQ3 发生故障工作台没有停下来，可以由 SQ4 控制工作台停止，SQ4 外接的同样也是常闭触点。

工作台的往复运行，可以通过电动机的正反转拖动相应的传动机构实现，也可以通过液压或气压系统中控制换向阀的阀位实现。如果采用的是电动机的正反转实现该工作台往复运行的话，则需要控制电动机的启动、停止、换向，并进行必要的过载、限位保护。

要实现工作台的自动往复运行功能，只要在项目 4 电动机的正反转连续运行两地启停控制程序的基础上稍加改动即可，其主电路与电动机的连续运行控制的主电路是一样的，完成该项目步骤与以往相同：

（1）设计主电路；

（2）确定输入输出设备；

（3）设计 PLC 输入输出接线图；

（4）进行 PLC 程序设计；

（5）进行系统的调试。

在本项目中，我们首先学习"往复运行"控制功能的实现方法，然后就可以轻松的完成第 5 个工程项目了。

【项目新知识点学习资料】

5.1 "往复运行"功能的实现

如项目分析中所述，往复运行控制的核心就是使电动机可以自动的切换运行方向。假设电动机正转时，使工作台从左向右运行，当工作台到达右限位时，碰到右限位开关 SQ3，使该限位开关的常开触点闭合。此时我们可以使用 PLC 检测该信号，用该信号完成电动机换向的功能，即该信号有两个作用：一是使控制电动机正转的接触器线圈断电；二是接通控制电动机反转的接触器，完成电动机的换向功能，从而实现工作台的自动换向，开始从右向左运行。当工作台运行到左限位时，换向的过程如上所述，请同学们自行分析。具体的控制程序如图 5.2 所示。

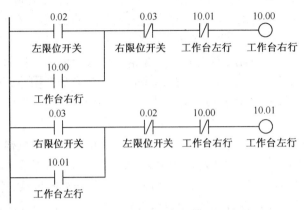

图 5.2　工作台往复运行梯形图

5.2　软件操作方法：替换功能的应用及改变模型功能的应用

5.2.1　替换功能

替换：用于对程序内的触点的类型或编号、指令的操作数记号或编号等进行修改。

1．操作步骤

（1）首先将梯形图界面更换为助记符界面。利用菜单栏[视图（V）]→[助记符（M）]，或者使用快捷键 Alt+M。

（2）选择替换。利用菜单操作选择[编辑（E）]→[替换（A）]，或者使用快捷键 Ctrl+H。出现如图 5.3 所示对话框。

（3）设置要进行替换的项目。

被替换的项目（LOOK）可选择为：位地址、地址、值、助记符、符号名称、符号注释、程序注释。

（4）设置替换的内容。

如果是单一的替换，可以在 Find 一栏里直接输入被替换源，在 替换（P）一栏里直接输入要替换目标，例如 0.00 替换成为 0.01，直接在 Find 一栏里输入 0.00，在 替换（P）一栏里输入 0.01，然后单击 替换 或者 全部替换。

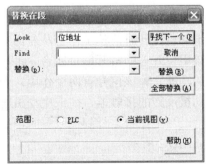

图 5.3　替换功能对话框

如果是批量的替换，例如 0.00-0.10 替换成为 1.00-1.10，那么直接在在 Find 一栏里输入 0.00-0.10，在 替换（P）一栏里输入 1.00-1.10，然后单击 替换 或者 全部替换即可。

注意

在替换时要去掉"包括布尔值"选项，范围选择当前视图。

（5）替换完毕切换到梯形图窗口。

2．替换举例

如图 5.4 所示，按照[替换源：200.00～200.15]、[替换目标：201.00～201.15]进行设置，再单击[全部替换]按钮，则以下所示的程序中，200.00～200.15 被修改为 201.00～201.15。

设备变更前后对比梯形图，如图 5.5 所示。

图 5.4　替换举例

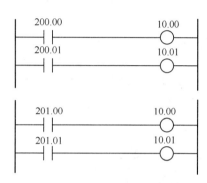

图 5.5　设备变更前后对比梯形图

5.2.2　改变模型

当想要将已编写的程序移植到其他机型上使用，或者机型设置有误时，可以利用[改变模型]功能，改变程序的对象机型。在转换机型时，将对各个设备编号的范围、程序容量、能否使用基本指令/高级指令等进行检查。

（1）选择改变模型。进行改变模型操作时，请利用菜单选择[PLC]→[改变模型（a）]，如图 5.6 所示。

（2）设置要转换的机型。请在[设备类型]选项选择要转换的机型，然后单击[确定]按钮，如图 5.7 所示。

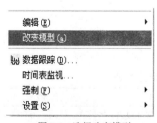

图 5.6　选择改变模型

图 5.7　设置要转换的机型

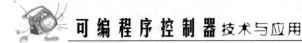

（3）机型转换结束。在模型转换结束的情况下，会显示以下提示作息。

----------- PLC：`新PLC1`（PLC 型号`CPM1（CPM1A）CPU40`转换为`CP1H XA`）-----------

当出现如图 5.8 所示的确认信息时，请单击[是]按钮。

图 5.8　确认信息显示

　　　　当模型转换完毕之后，可能会出现指令的不兼容问题，请在模型转换结束后编译梯形图，如果发现有错误，请改正。

【项目实施】

项目 4 用 PLC 实现电动机正反转连续运行两地控制，在此基础上介绍用 PLC 完成工作台自动往复运行控制功能的具体实施方案。

1. 工作台自动往复运行控制主电路

工作台的自动往复运行是依靠电动机的正反转带动相应的传动机构实现，所以工作台自动往复运行的控制，就是通过 PLC 完成电动机正反转连续运行控制功能，因此其主电路是与电动机正反转连续运行控制的主电路完全相同，如图 5.9 所示。

2. 工作台自动往复运行控制电路

我们已经知道，用 PLC 的控制功能完成相应的工程首先要分析工程控制要求，熟悉工作过程，然后确定输入/输出地址及功能，接下来绘制 PLC 的 I/O 硬件接线图，编写 PLC 控制程序，最后进行系统的调试。

（1）工作台自动往复运行控制输入/输出地址及功能。

工作台自动往复运行控制输入/输出地址分配如表5.1 所示。

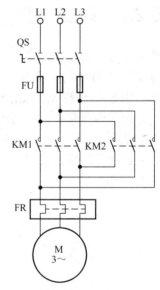

图 5.9　电动机正反转连续运行控制主电路

表 5.1　　　　　　　工作台自动往复运行控制输入/输出地址分配表

	符　号	功　能	地　址
输入设备	SB1	工作台向右运行启动按钮（常开接点）	0.00
	SB2	工作台向左运行启动按钮（常开接点）	0.01

续表

	符 号	功 能	地 址
输入设备	SB3	停止按钮（常闭接点）	0.02
	SQ1	左极限限位开关（常闭接点）	0.03
	SQ2	左限位开关（常开接点）	0.04
	SQ3	右限位开关（常开接点）	0.05
	SQ4	右极限限位开关（常闭接点）	0.06
	FR	热继电器（常闭接点）	0.07
输出设备	KM1	正向接触器线圈（工作台右行）	10.00
	KM2	反向接触器线圈（工作台左行）	10.01

（2）工作台自动往复运行 PLC 的 I/O 硬件接线图。

图 5.10 所示为工作台自动往复运行 PLC 的 I/O 硬件接线图，其中输入设备的电源采用 24V 直流，如果其他项目中的输入设备包含其他电压等级或电压类型的传感器，则不能简单的采用 24V 直流，需根据实际情况具体实现。图 5.10 中熔断器 FU2 的主要作用是保护 PLC 和输出设备，一般情况下不可省略。输出设备中的电源类型及等级是由负载决定的，本例中的接触器采用额定电压为交流 110V 的交流接触器，所以，电源电压采用交流 110V。

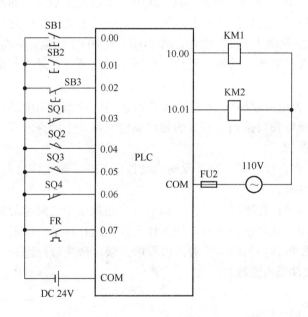

图 5.10 工作台自动往复运行 PLC 控制的 I/O 硬件接线图

（3）工作台自动往复运行控制 PLC 的程序设计，其梯形图如图 5.11 所示。

梯形图说明如下。

① 按下正向启动按钮 SB1，10.00 得电，从而使正向接触器线圈 KM1 得电，使电动机得电正向运行并带动工作台向右运行。

② 工作台运行到达右限位，SQ3 动作，常闭触点断开，使 KM1 断电，正向运行结束；同时 SQ3 的常开触点闭合，使 10.01 得电，从而使反向接触器线圈 KM2 得电，使电动机反向运行并带动工作台自动向左运行。

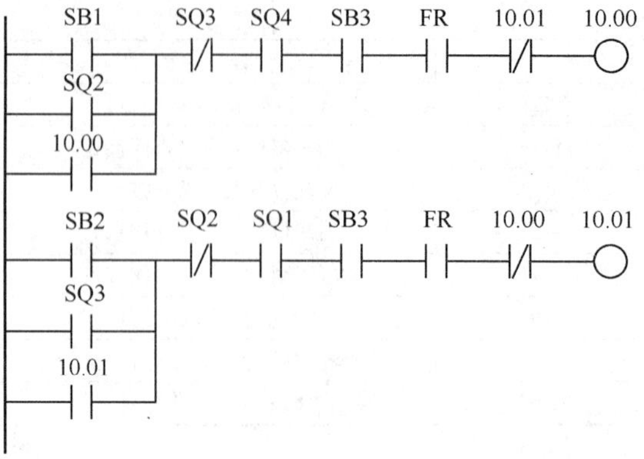

图 5.11　工作台自动往复运行梯形图

③ 工作台运行到达左限位，SQ2 动作，常闭触点断开，使 KM2 断电，反向运行结束；同时 SQ2 的常开触点闭合，使 10.00 再次得电，从而使正向接触器线圈 KM1 再次得电，使电动机重新正向运行并带动工作台自动向右运行。

④ 如此实现工作台的自动往复运行。

⑤ 按下停止按钮 SB3，则 10.00 或 10.01 断电，从而使接触器线圈断电，接触器线圈断电使得接触器本身的触点复位，常开主触点断开，最终使电动机断电并停止。

⑥ 如果发生过载，热继电器 FR 动作，则 10.00 或 10.01 断电，从而使接触器线圈断电，接触器线圈断电使得接触器本身的触点复位，常开主触点断开，最终使电动机断电并停止，实现过载保护。

⑦ 一旦发生超限位故障，SQ1 或 SQ4 动作，则 10.00 或 10.01 断电，从而使接触器线圈断电，接触器线圈断电使得接触器本身的触点复位，常开主触点断开，最终使电动机断电并停止，实现超限位保护。

⑧ 如果工作台不在左限位时，按下反向启动按钮 SB2，则工作台向左运行，然后往复，其过程请同学们自行分析。

注意事项：在实际调试程序时，工作台如果一开始就处于左限位的初始位置，则还没有按下启动按钮时，电动机就会正向启动，使工作台向右运行；这种情况一般实际工程是不允许出现的，请同学们发挥你们的聪明才智，将程序升级，解决该问题！

3．程序调试及软件操作流程

（1）输入程序。

（2）编译程序：Ctrl + F7。

（3）在线工作：Ctrl+W。

（4）传入 PLC：Ctrl+T。

（5）运行程序。

（6）监控程序。

（7）调试程序。

① 按下工作台向右运行启动按钮 SB1，则 10.00 得电并自锁，电动机正向运行，工作台向右运行。当工作台运行到右限位时，10.00 断电，10.01 得电，电动机反向运行，工作台自动向左运行；当工作台再次运行到左限位时，10.01 断电，10.00 再次得电，电动机再次正向

运行，工作台自动向左运行；如此往复。

② 按下停止按钮 SB3，电动机停止旋转，工作台停止运行。

③ 按下工作台向左运行启动按钮 SB2，工作过程与之相似，工作台先向右运行，再向左。

④ 无论工作台向右还是向左运行，一旦发生过载，即给出过载信号 FR，10.00 或 10.01 断电，电动机停止旋转，工作台停止运行。

⑤ 无论工作台向右还是向左运行，一旦发生超限位，即工作台向右运行时，给出右极限超限位信号 SQ4，10.00 断电；或工作台向左运行时，给出左极限超限位信号 SQ1，10.01 断电，电动机停止旋转，工作台停止运行。

⑥ 实现工作台的自动往复运行控制。

实用资料：CPM1A 系列程序结构及 CPM1A 系列指令类型

1．CPM1A 系列程序结构

可编程序控制器是按照用户的控制要求编写程序来进行工作的。程序的编制就是用一定的编程语言把一个控制任务描述出来。CPM1A 系列 CPU 的控制程序由主程序、子程序和中断程序组成。

（1）主程序。主程序是程序的主体，每一个项目有且只能有一个主程序。在主程序中可以调用子程序和中断程序。

主程序通过指令控制整个应用程序的执行，每次 CPU 扫描都要执行一次主程序，对于 CX-Programmer 编程软件而言，无条件结束指令以前的程序为主程序。

（2）子程序。子程序是一个可选的指令的集合，仅在被其他程序调用时执行。同一子程序可以在不同的地方被多次调用，使用子程序可以简化程序代码和减少扫描时间。设计得好的子程序容易移植到别的项目中去。

（3）中断程序。中断程序是指令的一个可选集合，中断程序不是被主程序调用，它们在中断事件发生时由 PLC 的操作系统调用。中断程序用来处理预先规定的中断事件，因为不能预知何时会出现中断事件，所以不允许中断程序改写可能在其他程序中使用的存储器。

2．CPM1A 系列指令类型

CPM1A 系列指令系统有基本指令和高级指令，PLC 的基本指令主要包括逻辑指令、功能指令、程序控制类指令等。逻辑指令是 PLC 的基本指令，也是任何一个 PLC 应用系统不可缺少的指令。功能指令大大地增强了 PLC 的工业应用能力。程序控制类指令可以影响程序执行的流向及内容，对合理安排程序结构具有重要意义。PLC 的高级指令则可以进行算术运算、数据比较、数据转换、数据移位、高速计数等多种功能，实现复杂的控制功能。

基本指令类型如下。

（1）基本顺序指令。以位（bit）为单位的逻辑操作，是构成继电器控制电路的基础，如表 5.2 所示。

表 5.2　　　　　　　　　　　　基本顺序指令表

指 令 名 称	助 记 符	指 令 功 能	步　数
初始加载	LD	从左母线开始的第一个接点是一个常开点	1
初始加载非	LDNOT	从左母线开始的第一个接点是一个常闭点	1
输出	OUT	将运算结果存入相应的输出继电器位	1

续表

指令名称	助记符	指令功能	步数
输出非	OUTNOT	输出取反	1
与	AND	串联一个常开接点	1
与非	ANDNOT	串联一个常闭接点	1
或	OR	并联一个常开接点	1
或非	ORNOT	并联一个常闭接点	1
组与	ANDLD	指令块的与操作	1
组或	ORLD	指令块的或操作	1
推入堆栈	OUT TR0	存储该指令处的操作结果	1
读出堆栈	LD TR0	读出由 PSHS 指令存贮的指令结果	1
上升沿微分	DIFU	当检测到触发信号的上升沿时，接点仅"ON"一个扫描周期	1
下降沿微分	DIFD	当检测到触发信号的下降沿时，接点仅"ON"一个扫描周期	1
置位	SET	保持接点（位）接通	1
复位	RSET	保持接点（位）断开	1
保持	KEEP	使输出保持接通	1
空操作	NOP	空操作	1

注：表中所有指令适用于欧姆龙 CPM1A 系列所有 CPU。

（2）基本功能指令：有定时器/计数器和移位寄存器指令。

（3）控制指令：决定程序执行的顺序和流程。

（4）比较指令：进行数据比较。

【自测与练习】

工作台自动往复运行增强功能。

该系统在原有控制功能的基础上增设正常停止和急停两种功能。

（1）按下正常停止按钮时，工作台不会立即停止，而是自动回到初始位置，即回到左限位位置才停止运行；再次按下启动按钮工作台重新开始运行。

（2）按下急停按钮，电动机立即停止运行，再次按下启动按钮，工作台按照原来的运行方向继续运行。

（3）当发生过载或超限位时，进行不同频率声光报警的指示。

项目要求：填写 I/O 地址分配表，绘制 I/O 接线图，编写梯形图。

【项目工作页】

1. 资讯（工作台自动往复运行）
项目任务
完成工作台自动往复运行控制
（1）如何实现工作台自动往复运行？

_____

（2）输入输出符号表。

序　号	符　号	地　址	注　释	备　注
1				
2				
3				
4				
5				
6				
7				
8				

2. 决策（工作台自动往复运行）
采用的控制方案：

_____

输入输出设备点数：

_____

3. 计划（工作台自动往复运行）
填写项目实施计划表。

实施步骤	内　容	进　度	负责人	完成情况
1				
2				
3				
4				

4. 实施（工作台自动往复运行）

（1）绘制主电路。

（2）绘制PLC输入输出接线图。

0.00	0.01	0.02	0.03	0.04		
10.00	10.01	10.02	10.03	10.04		

（3）绘出梯形图。

5. 检查（工作台自动往复运行）

遇到的问题或故障	解 决 方 案	效 果	结论及收获	解 决 人 员

6. 评价（工作台自动往复运行）

自我评价与互评成绩表

自我评价（权重20%）

技能点	程序设计方法 5分	输入输出设备 5分	功能图绘制 5分	梯形图设计 5分
分数				
项目自评总分				
收获与总结				
改进意见				

☆☆☆ ☆☆☆ ☆☆☆

小组互评（权重30%）

技能点	输入输出设备 5分	功能图绘制 5分	梯形图设计 10分	系统调试能力 10分
分数				
项目互评总分				
评价意见				

☆☆☆ ☆☆☆ ☆☆☆

教师评价（权重50%）

技能点	功能图绘制 10分	梯形图设计 10分	系统调试能力 10分	项目整体效果 20分
分数				
教师评价总分				
项目总分				
项目总评				

小组互评表（本组不填）

组　号	输入输出设备 5分	功能图绘制 5分	梯形图设计 10分	系统调试能力 10分
1				
建议或收获*				
2				
建议或收获*				
3				
建议或收获*				
4				
建议或收获*				
5				
建议或收获*				
6				
建议或收获*				
7				
建议或收获*				

*注：建议或收获填写对该组出现问题的分析及建议，以及通过该组观看的成果展示，自己学到了哪些知识或方法。

评分标准

评分内容	配　分	评分标准	扣　分	得　分
新知识	10	自动往复运行概念不理解，10分		
软件使用	10	替换功能没有掌握，5分		
		改变模型功能没有掌握，5分		
硬件接线	20	输入输出接线图绘制不正确，5分		
		接线图设计缺少必要的保护，10分		
		线路连接工艺差，5分		
功能实现	60	工作台不能启动，10分		
		工作台不能停止，10分		
		工作台到达左右限位时不能换向，10分		
		工作台到达左右极限限位时不能停止，10分		
		没有互锁功能，10分		
		热继电器动作电动机不能停止，10分		

项目 6　声光报警 PLC 控制系统

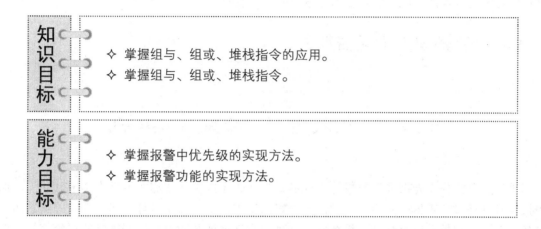

知识目标

◇ 掌握组与、组或、堆栈指令的应用。
◇ 掌握组与、组或、堆栈指令。

能力目标

◇ 掌握报警中优先级的实现方法。
◇ 掌握报警功能的实现方法。

【项目内容（资讯）】

在实际工程项目中，几乎所有的项目都可能出现这样或那样的故障，出现故障以后，必须及时地给操作人员警示，并实现必要的保护功能，这就是报警系统的功能。通常的报警方式可以通过指示灯进行"光"报警，可以通过蜂鸣器进行"声"报警，两者结合，就构成声光报警系统。

本项目的任务是：实现一个具体项目的声光报警系统功能。控制要求如下：设计一个半自动机床声光报警系统，其中主电动机控制及系统故障状态即发生故障时的指示要求如下。

（1）上料电动机捞不到料时，仅指示灯亮（光报警），主轴电动机不停止运行。

（2）油位不足时，指示灯以 2s 为周期闪烁（光报警），蜂鸣器以 2s 为周期叫响（声报警），主轴电动机停止。

（3）主轴电动机过载，电动机停止运行，指示灯以 1s 为周期闪烁（光报警），蜂鸣器以 1s 为周期叫响（声报警）。

（4）报警优先级顺序（3）（2）（1），即故障同时发生，优先进行级别高的故障指示。

（5）主轴电动机的运行方式：单向连续运行。

【项目分析（决策）】

根据以上声光报警系统控制要求，我们要实现电动机的单向连续运行控制，要实现 3 种不同故障的光报警，要实现两种不同故障的声报警，还要解决几种故障同时发生时，优先级的处理问题。该项目主电路与电动机的连续运行控制的主电路是一样的，完成该项目步骤与以往相同：

(1) 设计主电路；

(2) 确定输入输出设备；

(3) 设计 PLC 输入输出接线图；

(4) 进行 PLC 程序设计；

(5) 进行系统的调试。

在本项目中，电动机的单向连续运行控制我们已经掌握，只要学习报警功能的实现方法，以及优先级的处理问题就可以轻松的完成第 6 个工程项目了。

【项目新知识点学习资料】

6.1 "报警" 功能的实现

通常的报警分为光报警和声报警两种形式，其中光报警是依靠指示灯来实现其功能，而声报警则是通过蜂鸣器来实现。因此声光报警系统中，输出设备具体为指示灯和蜂鸣器两大设备。对于光报警，就是当被控系统发生某种异常现象或故障时，根据给定的报警信号，使指示灯常亮或按照一定的频率闪烁，进行故障指示；而声报警，则是一旦有故障出现时，蜂鸣器常响或按照一定的频率叫响。

一般来说，无论是声报警还是光报警，程序中只要把故障信号和对应的闪烁频率接点串联即可。对于多种故障情况则采用并联的方式，使用 ORLD 组或指令实现。这样就可以实现任意多种故障的报警，具体的梯形图如图 6.1 所示。

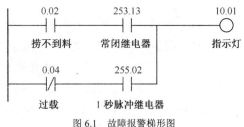

图 6.1 故障报警梯形图

6.2 块逻辑操作指令：ANLD、ORLD

1. 指令功能

组与（ANDLD）：执行多个逻辑块相串联。

组或（ORLD）：执行多个逻辑块相并联。

2. 梯形图结构

ANDLD、ORLD 指令梯形图如图 6.2 所示。

梯形图解释如下。

（1）本例中第一个指令行执行的是"组或"运算，先把 0.00 与 0.01 串联成组 1，0.02 与 0.03 串联成组 2，再把组 1 和组 2 并联，也就是先把 0.00 与 0.01 的值进行"与"运算，运算结果作为组 1 的值压入堆栈，再把 0.02 与 0.03 的值进行"与"运算，运算结果作为组 2 的值，再与组 1 的值进行"或"运算，最终的结果决定 10.00 的状态。

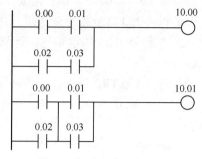

图 6.2　块逻辑操作指令梯形图

（2）本例中第二个指令行执行的是"组与"运算，先把 0.00 与 0.02 并联成组 3，0.01 与 0.03 并联成组 4，再把组 3 和组 4 串联，也就是先把 0.00 与 0.02 的值进行"或"运算，运算结果作为组 3 的值压入堆栈，再把 0.01 与 0.03 的值进行"或"运算，运算结果作为组 4 的值，再与组 3 的值进行"与"运算，最终的结果决定 10.01 的状态。

3．语句表

LD	0.00
AND	0.01　　　；组 1
LD	0.02
AND	0.03　　　；组 2
ORLD	；组 1 和组 2 进行或运算
OUT	10.00
LD	0.00
OR	0.02　　　；组 3
LD	0.01
OR	0.03　　　；组 4
ANDLD	；组 3 和组 4 进行或运算
OUT	10.01

6.3　堆栈指令：OUT TR0、LD TR0

1．指令功能

OUT TR0：推入堆栈，存储该指令处的操作结果。

LD TR0：读取堆栈，读出 OUT TR0 指令存储的操作结果。

2．梯形图结构

堆栈指令梯形图如图 6.3 所示。

梯形图解释如下。

（1）将 0.00 的值压入堆栈（OUT TR0），然后把 0.00 的值和 0.01 的值相与，运算结果决定 10.00 的状态。

（2）由 LD TR0 指令读出堆栈中 0.00 的值，然后把 0.00 的值和 0.02 的值相与，运算结果决定 10.01 的状态。

（3）再由 LD TR0 指令读出堆栈中 0.00 的值，然后把 0.00 的值和 0.03 的值相与，运算结果决定 10.02 的状态。

（4）再由 LD TR0 指令读出堆栈中 0.00 的值，然后把 0.00 的值和 0.04 的值相与，运算结果决定 10.03 的状态。

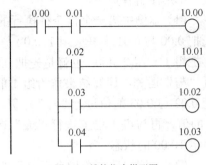

图 6.3 堆栈指令梯形图

3. 语句表

```
LD      0.00
OUT     TR0
AND     0.01
OUT     10.00
LD      TR0
LD      0.02
OUT     10.01
LD      TR0
LD      0.03
OUT     10.02
LD      TR0
AND     0.04
OUT     10.03
```

【项目实施】

1. 主轴电动机的主电路

该项目中的主电路与电动机单向连续运行控制主电路完全相同，不再赘述。

2. 声光报警系统控制电路

我们已经知道，用 PLC 的控制功能完成相应的工程首先要分析工程控制要求，熟悉工作过程，然后确定输入/输出地址及功能，接下来绘制 PLC 的 I/O 硬件接线图，编写 PLC 控制程序，最后进行系统的调试。

（1）声光报警系统输入/输出地址及功能。

声光报警系统输入/输出地址分配如表 6.1 所示。

表 6.1　　　　　　　　　　声光报警系统输入/输出地址分配表

	符　号	功　能	地　址
输入设备	SB1	启动按钮（常开接点）	0.00
	SB2	停止按钮（常闭接点）	0.01

续表

	符号	功能	地址
输入设备	BL1	捞不到料（常开信号）	0.02
	BL2	油位不足（常闭接点）	0.03
	FR	热继电器（常闭接点）	0.04
输出设备	KM	接触器（主轴电动机）	10.00
	HL	指示灯（光报警）	10.01
	BEE	蜂鸣器（声报警）	10.02

（2）声光报警系统 PLC 的 I/O 硬件接线图请同学们自己画出。

（3）声光报警系统 PLC 的程序设计，如图 6.4 所示。

程序功能说明如下。

① 按下启动按钮，主轴电动机单向连续运行，按下停止按钮，电动机停止。

② 当捞不到料时，0.02 常开触点接通，指示灯常亮，主电动机不停止运行。

③ 当油位不足时，0.03 常闭触点接通，指示灯以 2s 为周期闪烁，主电动机停止。（其中 255.00，255.01，255.02 等特殊内部继电器的作用请参阅本项目的实用资料）

④ 当发生过载时，0.04 常闭触点接通，指示灯以 1s 为周期闪烁，主电动机停止。

⑤ 声报警部分的处理与光报警雷同，请同学们自行编程并调试。

⑥ 当两种以上故障同时发生时，只要根据报警的优先级进行互锁的处理即可。即将优先级高的故障的互锁点，串联在优先级低的支路上，以保证当优先级高的故障信号给出时，可以断开其他优先级低的支路，使其不起作用，有效防止指示频率混乱的问题。请同学们自行编程实现。

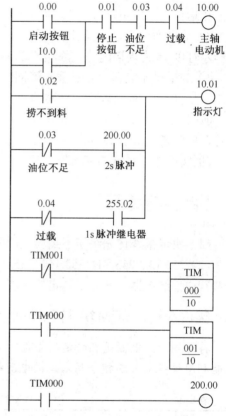

图 6.4 声光报警控制系统 PLC 程序

3．程序调试及软件操作流程

（1）输入程序。

（2）编译程序：Ctrl + F7。

（3）在线工作：Ctrl+W。

（4）传入 PLC：Ctrl+T。

（5）运行程序。

（6）监控程序。

（7）调试程序。

① 首先保证所有的故障信号均处于复位状态。

② 按下启动按钮启动主电动机，10.00 得电。

③ 给定捞不到料的信号 0.02=1，电动机状态不改变，指示灯 10.01 以 2s 为周期闪烁，蜂鸣器不响。

④ 给定油位不足的信号 0.03=0，主电动机停止运行，同时指示灯以 2s 为周期闪烁，蜂鸣器以 2s 为周期叫响。

⑤ 给定过载信号 0.04=0，主电动机停止运行，同时指示灯以 1s 为周期闪烁，蜂鸣器以 1s 为周期叫响。

⑥ 按下停止按钮 0.02，10.00 断电，主电动机停止旋转。

⑦ 如果捞不到料、油位不足以及过载 3 种故障同时发生，进行过载故障指示，即主电动机停止运行，同时指示灯以 1s 为周期闪烁，蜂鸣器以 1s 为周期叫响。

⑧ 如果油位不足以及过载故障同时发生，进行过载故障指示，即主电动机停止运行，同时指示灯以 1s 为周期闪烁，蜂鸣器以 1s 为周期叫响。

⑨ 如果捞不到料以及过载故障同时发生，进行过载故障指示，即主电动机停止运行，同时指示灯以 1s 为周期闪烁，蜂鸣器以 1s 为周期叫响。

⑩ 如果捞不到料以及油位不足故障同时发生，进行油位不足故障指示，即主电动机停止运行，同时指示灯以 2s 为周期闪烁，蜂鸣器以 2s 为周期叫响。

⑪ 实现加工系统的声光报警功能。

【自测与练习】

（1）实现报警优先级捞不到料，油位不足，过载。

（2）253.13、253.14、253.15、255.02、255.03、255.04 的作用是什么？自己编程使用这 4 个特殊内部继电器，并完成一定的功能或具有一定的实际应用意义。（参考实用资料）

实用资料：CPM1A 特殊辅助继电器一览表

特殊辅助继电器是在特定的条件下 ON/OFF 的继电器。ON/OFF 状态不被输出到外部。不能利用编程工具或指令写入。继电器编号及相应的作用如表 6.2、表 6.3 所示。

表 6.2　　　　　　　　　　CPM1A 常用特殊辅助继电器一览表

名　称	数据类型	地　址	功　能
P_0_02s	BOOL	254.01	0.02s 时钟脉冲位
P_0_1s	BOOL	255.00	0.1s 时钟脉冲位
P_0_2s	BOOL	255.01	0.2s 时钟脉冲位
P_1s	BOOL	255.02	1.0s 时钟脉冲位
P_1min	BOOL	254.00	1min 时钟脉冲位
P_CY	BOOL	255.04	进位（CY）标志
P_Cycle_Time_Error	BOOL	AR13.05	循环时间错误标志
P_Cycle_Time_Value	UINT_BCD	AR15	当前扫描时间
P_EQ	BOOL	255.06	等于（EQ）标志
P_ER	BOOL	255.03	指令执行错误（ER）标志

续表

名　称	数据类型	地　址	功　能
P_First_Cycle	BOOL	253.15	第一次循环标志
P_GT	BOOL	255.05	大于（GT）标志
P_LT	BOOL	255.07	小于（LT）标志
P_Max_Cycle_Time	UINT_BCD	AR14	最长周期时间
P_N	BOOL	254.02	负数（N）标志
P_Off	BOOL	253.14	常断标志
P_On	BOOL	253.13	常通标志
P_步	BOOL	254.07	步标志

表 6.3　　　　　　　　　　　CPM1A 特殊辅助继电器一览表

字（s）	位（s）	功　　能	读/写
SR232～SR235	00～15	宏功能输入区 包含用于 MCRO（99）指令的输入操作数（不使用 MCRO（99）指令时，可作为工作位使用）	读/写
SR236～SR239	00～15	宏功能输出区 包含用于 MCRO（99）指令的输出操作数（不使用 MCRO（99）指令时，可作为工作位使用）	
SR240	00～15	输入中断 0 计数模式 SV 当计数模式用中使用输入中断 0 时，存 SV（4 位十六进制数）（当输入中断 0 未用于计数模式时，可作为工作位使用）	
SR241	00～15	输入中断 1 计数模式 SV 当计数模式用中使用输入中断 1 时，存 SV（4 位十六进制数）（当输入中断 1 未用于计数模式时，可作为工作位使用）	
SR242	00～15	输入中断 2 计数模式 SV 当计数模式用中使用输入中断 2 时，存 SV（4 位十六进制数）（当输入中断 2 未用于计数模式时，可作为工作位使用）	
SR243	00～15	输入中断 3 计数模式 SV 当计数模式用中使用输入中断 3 时，存 SV（4 位十六进制数）（当输入中断 3 未用于计数模式时，可作为工作位使用）	
SR244	00～15	输入中断 0 计数模式 PV 减 1 计数模式中使用输入中断 0 时，PV−1（4 位十六进制数）	
SR245	00～15	输入中断 1 计数模式 PV 减 1 计数模式中使用输入中断 1 时，PV−1（4 位十六进制数）	
SR246	00～15	输入中断 2 计数模式 PV 减 1 计数模式中使用输入中断 2 时，PV−1（4 位十六进制数）	只读
SR247	00～15	输入中断 3 计数模式 PV 减 1 计数模式中使用输入中断 3 时，PV−1（4 位十六进制数）	
SR 248、SR249	00～15	高速计数器 PV 区 （不使用高速计数器时可作为工作位使用）	
SR250	00～15	模拟量设置 0 用于保存模拟量 0 控制上的 4 位 BCD 设定值（0000～0200）	
SR251	00～15	模拟量设置 1 用于保存模拟量 1 控制上的 4 位 BCD 设定值（0000～0200）	
SR252	00	高速计数器复位位	读/写
	01～07	未使用	
	08	外部端口复位位 需复位外部端口时将其置 ON（连有编程设备时无效），复位完成后自动变 OFF	读/写

续表

字（s）	位（s）	功　　能	读/写
SR252	09	未使用	
	10	PC 设置复位位 需初始化 PC 设置（DM6600~DM6655）时将其变 ON，复位完成后自动变 OFF，仅在 PC 处于 PROGRAM 模式下有效	读/写
	11	强制状态保持位（见注释） OFF:当 PC 在 PROGRAM 模式与 MONITOR 模式间切换时，清除被强制置位/复位的位状态；ON:当 PC 在 PROGRAM 模式与 MONITOR 模式间切换时，保持被强制置位/复位的位状态不变，这个位的状态可通过 PC 设置使其在电源断开时保持不变	读/写
	12	I/O 保持位（见注释） OFF:在开始或结束运行时，将 IR 和 LR 位复位；ON:在开始或结束运行时，保持 IR 和 LR 位不变，这个位的状态可通过 PC 设置使其在电源断开时保持不变	
	13	未使用	
	14	错误日志复位位 需清除错误日志时将其变 ON，在操作完成后自动变 OFF	读/写
	15	未使用	
SR253	00~07	FAL 错误代码 在发生错误时保存错误代码（2 位标号）；在执行 FAL（06）或 FALS（07）指令时在此保存错误代码；通过执行 FAL（00）指令或由编程设备清除错误，此字将复位（变为 00）	只读
	08	未使用	
	09	循环时间越限标志 发生循环时间超限时变 ON（即循环时间超过 100ms）	只读
	10~12	未使用	
	13	始终为 ON 标志	
	14	始终为 OFF 标志	
	15	第一个循环标志 在开始运行时，变 ON 一个循环周期	只读
SR254	00	1min 时钟脉冲（ON 30s；OFF 30s）	
	01	0.02s 时钟脉冲（ON0.01s；OFF0.01s）	
	02	负数标志	
	03~05	未使用	
	06	微分监控完成标志 在微分监控完成时变 ON	只读
	07	STEP（08）步指令执行标志 仅在 STEP（08）指令开始时变 ON 一个循环周期	
	08~15	未使用	
SR255	00	0.1s 时钟脉冲（ON0.05s；OFF0.05s）	
	01	0.2s 时钟脉冲（ON 0.1s；OFF 0.1s）	
	02	1s 时钟脉冲（ON 0.5s；OFF 0.5s）	
	03	指令执行出错标志（ER） 在执行执行过程中发生错误时变 ON	
	04	进位标志（CY） 当指令的执行结果有进位时变 ON	只读
	05	大于标志（GR） 当比较指令的运行结果为"大于"时变 ON	
	06	等于标志（EQ） 当比较指令的运行结果为"等于"时变 ON	
	07	小于标志（LE） 当比较指令的运行结果为"小于"时变 ON	
	08~15	未使用	

【项目工作页】

1. 资讯（声光报警 PLC 控制系统）

项目任务

完成声光报警 PLC 控制

（1）如何实现声光报警控制？

_____

（2）输入输出符号表。

序　号	符　号	地　址	注　释	备　注
1				
2				
3				
4				
5				
6				
7				
8				

2. 决策（声光报警 PLC 控制系统）

采用的控制方案：

_____

输入输出设备点数：

_____

3. 计划（声光报警 PLC 控制系统）

填写项目实施计划表。

实施步骤	内　容	进　度	负责人	完成情况
1				
2				
3				
4				

4．实施（声光报警 PLC 控制系统）

（1）绘制主电路。

（2）绘制 PLC 输入输出接线图。

0.00	0.01	0.02	0.03	0.04		
10.00	10.00	10.02	10.03	10.04		

（3）绘出梯形图。

5．检查（声光报警 PLC 控制系统）

遇到的问题或故障	解决方案	效　果	结论及收获	解决人员

6. 评价（声光报警 PLC 控制系统）

自我评价与互评成绩表

自我评价（权重20%）				
技能点	程序设计方法 5分	输入输出设备 5分	功能图绘制 5分	梯形图设计 5分
分数				
项目自评总分				
收获与总结				
改进意见				

☆☆☆ ☆☆☆☆ ☆☆☆

小组互评（权重30%）				
技能点	输入输出设备 5分	功能图绘制 5分	梯形图设计 10分	系统调试能力 10分
分数				
项目互评总分				
评价意见				

☆☆☆ ☆☆☆☆ ☆☆☆

教师评价（权重50%）				
技能点	功能图绘制 10分	梯形图设计 10分	系统调试能力 10分	项目整体效果 20分
分数				
教师评价总分				
项目总分				
项目总评				

小组互评表（本组不填）

组　号	输入输出设备 5分	功能图绘制 5分	梯形图设计 10分	系统调试能力 10分
1				
建议或收获*				
2				
建议或收获*				
3				
建议或收获*				
4				
建议或收获*				
5				
建议或收获*				
6				
建议或收获*				
7				
建议或收获*				

*注：建议或收获填写对该组出现问题的分析及建议，以及通过该组观看的成果展示，自己学到了哪些知识或方法。

评分标准

评分内容	配　分	评　分　标　准	扣　　分	得　　分
新知识	30	组与指令不理解，扣1～10分		
		组或指令不理解，扣1～10分		
		堆栈指令不理解，扣1～10分		
软件使用	10	不能正常操作软件，扣1～10分		
硬件接线	20	输入输出接线图绘制不正确，扣1～5分		
		接线图设计缺少必要的保护，扣1～10分		
		线路连接工艺差，扣1～5分		
功能实现	40	不能声报警，扣1～10分		
		不能光报警，扣1～10分		
		声光报警频率不正确，扣1～5分		
		声报警条件不符，扣1～5分		
		光报警条件不符，扣1～5分		
		优先级别不正确，扣1～5分		

项目 7　电动机顺序启停 PLC 控制

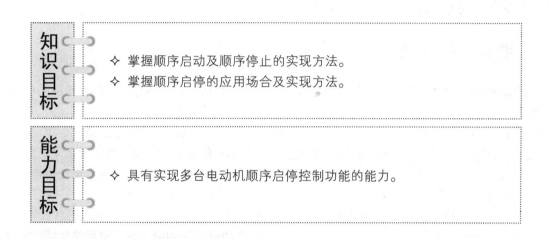

【项目内容（资讯）】

以往的项目都是电动机单独启停控制，而在工业应用领域里的很多场合，都需要两台、三台甚至更多台电动机或其他负载的启停，有着相应的联锁要求。比如铣床在加工时，就要求只有主轴电动机启动后，才允许进给电动机工作，完成相应的加工；再比如自动滚齿机，要求一定要顶尖夹紧后，才允许落刀；加工结束后，也必须抬刀后，才允许顶尖松开，否则就很容易造成打刀的故障，非常危险，同时经济损失也很大。因此，在这样的加工领域都会要求负载顺序启停。

本项目的任务是如下。

任务一：两台电动机顺序启停控制

控制要求。

（1）每台电动机都设有单独控制的启停按钮。

（2）启动顺序：只有第一台电动机启动运行，才允许第二台电动机启动，即第一台电动机未启动时，即使按下第二台电动机的启动按钮，第二台电动机也不会启动。

（3）停止顺序：只有第二台电动机停止运行，才允许第一台电动机停止，即第二台电动机未停止时，即使按下第一台电动机的停止按钮，第一台电动机也不会停止。

（4）过载保护：第一台电动机过载，两台电动机都停止；第二台电动机过载，只有第二台电动机停止。

（5）指示功能：异常现象及过载的报警。

任务二：3 台电动机顺序启停控制

控制要求。

（1）每台电动机都设有单独控制自身的启停按钮。

（2）启动顺序：M1→M2→M3。

（3）停止顺序：M3→M2→M1。

（4）过载保护：第一台电动机过载，3 台电动机都停止。第二台电动机过载，第二台电动机和第三台电动机停止。第三台电动机过载，只要第三台电动机停止。

（5）指示功能：异常现象及过载的报警。

【项目分析（决策）】

电动机顺序启停：所谓的顺序启停控制，即被控电动机的启动和停止，都有相应的要求，比如我们的任务中所说，启动的顺序是必须第一台电动机启动后，才允许第二台电动机启动，也就是说，如果第一台电动机没有启动，即使给定第二台电动机启动信号，第二台电动机也不会启动。同样的道理，停止的顺序是必须第二台电动机停止后，才允许第一台电动机停止，也就是说，如果第二台电动机没有停止，即使给定第一台电动机的停止信号，第一台电动机也不会停止。

要实现电动机顺序启停控制功能，通常有两种方式。

方式一是自动进行启动的控制，即给定第一台电动机的启动信号后，自动的间隔一定的时间，按照顺序要求，启动其他的电动机；给定停止信号后，也同样自动的间隔一定的时间，按照顺序要求，启动其他的电动机。这样的控制方式，需要用定时器或计数器指令实现，我们将在后面的项目中完成。

方式二是手动进行启动控制，即每台电动机都有自己相应的启动按钮和停止按钮，但电动机启停控制，却一定要按照控制要求的顺序进行。同样如任务中所规定，当按下第一台电动机的启动按钮时，可以使第一台电动机启动，而第二台电动机的启动，则必须是第一台电动机启动后，再按第二台电动机的启动按钮，第二台电动机才启动，即如果第一台电动机没有启动，即使按下第二台电动机启动按钮，第二台电动机也不会启动；这就是所谓的顺序启动。顺序停止同样的道理，按下第二台电动机的停止按钮，第二台电动机停止，而第一台电动机的停止，则必须是第二台电动机停止后，按下第一台电动机的停止按钮，第一台电动机才停止，即如果第二台电动机没有停止，即使按下第一台电动机停止按钮，第一台电动机也不会停止。

只要是连续运行工作方式，必须要有过载保护的功能，一般来说，如果后停止的电动机一旦发生过载，则该电动机停止，同时要求比该电动机先停的电动机，也应该停止，就像任务控制要求中所描述的功能一致，请同学们自行讨论并思考其中的道理。

如果控制的是两台电动机顺序启停，则其主电路中应该有两台电动机，而每台电动机的主电路与电动机的连续运行控制的主电路是一样的，完成本项目步骤与以往相同：

（1）设计主电路；

（2）确定输入输出设备；

（3）设计 PLC 输入输出接线图；

（4）进行 PLC 程序设计；

（5）进行系统的调试。

在本项目中，我们首先学习"顺序启停"控制功能的实现方法，然后就可以轻松的完成本项目了。

【项目新知识点学习资料】

"顺序启停"功能的实现

如项目分析中所述，顺序控制的核心就是使电动机可以按照相应的顺序进行启动和停止的控制。

顺序启动的实现：第一台电动机的启动控制没有格外的要求，只要按下启动按钮即可，所以该控制同以往相同，只要用启动按钮的常开触点，控制相应的接触器线圈即可；而第二台电动机的启动则有约束条件，即必须第一台电动机启动后，再按下相应的启动按钮，才完成启动功能，因此，第二台电动机的启动信号是第一台电动机运行信号（10.00）"与"第二台电动机的启动按钮，即两个信号的串联组成第二台电动机的启动信号，具体的程序如图 7.1 所示。

从上面的梯形图中可以看出。

（1）第一台电动机的启动，只要按下电动机 1 启动按钮 0.00 即可实现，而电动机 2 的启动则必须是在电动机 1（10.00）启动以后，此时 10.00 的常开触点闭合，然后再按下电动机 2 的启动按钮 0.01，此时 10.00 的常开触点也闭合，则第二台电动机（10.01）启动。

（2）如果第一台电动机没有启动，则 10.00 的常开触点断开，此时即使按下电动机2 的启动按钮0.01，第二台电动机（10.01）也无法启动，从而实现两台电动机的顺序启动。

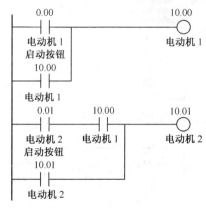

图 7.1 顺序启动控制

（3）如果多台电动机顺序启动，控制的方法与此相同，只要在启动信号后面串联相应的约束条件，就能实现顺序启动的控制功能。

顺序停止的实现：第二台电动机的停止控制没有格外的要求，只要按下停止按钮即可，所以该控制同以往相同，只要用停止按钮的常开触点（停止按钮外部接的是常闭触点），控制相应的接触器线圈即可；而第一台电动机的停止则有约束条件，即必须第二台电动机停止后，再按下相应的停止按钮，才完成停止功能，因此，第一台电动机的停止信号是第二台电动机运行信号（10.00）"或"第二台电动机的停止按钮，即两个信号的并联组成第二台电动机的停止信号，具体的程序如图7.2所示。

从上面的梯形图中可以看出。

（1）第二台电动机的停止，只要按下电动机2停止按钮0.03即可实现，而电动机1的停止则必须是在电动机2（10.01）停止以后，此时10.01的常开触点断开，然后再按下电动机1的停止按钮0.02，此时0.02的常开触点也断开，则第一台电动机（10.00）停止。

（2）如果第二台电动机没有停止，则10.01的常开触点接通，此时即使按下电动机1的停止按钮0.02，第一台电动机（10.00）也无法停止，从而实现两台电动机的顺序停止。

（3）如果多台电动机顺序停止，控制的方法与此相同，只要与停止信号并联相应的约束条件，就能实现顺序停止的控制功能。

【项目实施】

下面介绍用PLC完成顺序启停PLC控制功能的具体实施方案。

1. 电动机顺序启停控制主电路

两台电动机的顺序启停控制，如果每台电动机都是单向连续运行，则其主电路中应该有两台电动机，而每台电动机的主电路与电动机的单向连续运行控制的主电路是一样的，具体如图7.3所示。

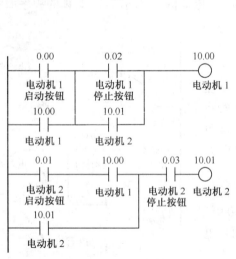

图7.2　顺序停止控制

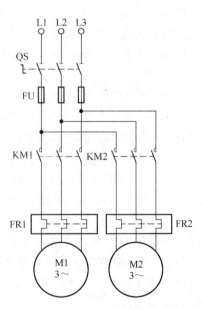

图7.3　电动机顺序启停控制主电路

2. 电动机顺序启停PLC控制电路

我们已经知道，用PLC的控制功能完成相应的工程首先要分析工程控制要求，熟悉工作过程，然后确定输入/输出地址及功能，接下来绘制PLC的I/O硬件接线图，编写PLC控制程序，最后进行系统的调试。

（1）电动机顺序启停 PLC 控制输入/输出地址及功能。

电动机顺序启停控制输入/输出地址分配如表 7.1 所示。

表 7.1	电动机顺序启停控制输入/输出地址分配表		
	符 号	功 能	地 址
输入设备	SB1	电动机1启动按钮（常开接点）	0.00
	SB2	电动机2启动按钮（常开接点）	0.01
	SB3	电动机1停止按钮（常闭接点）	0.02
	SB4	电动机2停止按钮（常闭接点）	0.03
	FR1	电动机1热继电器（常闭接点）	0.04
	FR2	电动机2热继电器（常闭接点）	0.05
输出设备	KM1	电动机1接触器线圈	10.00
	KM2	电动机2接触器线圈	10.01

（2）电动机顺序启停 PLC 的 I/O 硬件接线图。

图 7.4 所示为电动机顺序启停运行 PLC 的 I/O 硬件接线图，其中输入设备的电源采用 24V 直流，如果其他项目中的输入设备包含其他电压等级或电压类型的传感器，则不能简单的采用 24V 直流，需根据实际情况具体实现。图 7.4 中熔断器 FU2 的主要作用是保护 PLC 和输出设备，一般情况下不可省略。输出设备中的电源类型及等级是由负载决定的，本例中的接触器采用额定电压为交流 110V 的交流接触器，所以，电源电压采用交流 110V。

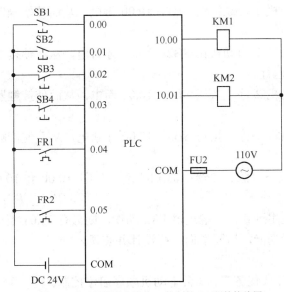

图 7.4 电动机顺序启停 PLC 控制的 I/O 硬件接线图

（3）两台电动机顺序启停控制 PLC 的程序设计，如图 7.5 所示。

我们再看看任务一，两台电动机顺序启停控制的具体控制要求。

① 每台电动机都设有单独控制自身的启停按钮。

② 启动顺序：只有第一台电动机启动运行，才允许第二台电动机启动，即第一台电动机未启动时，按下第二台电动机的启动按钮，第二台电动机不会启动。

③ 停止顺序：只有第二台电动机停止运行，才允许第一台电动机停止，即第一台电动机

未停止时，按下第一台电动机的停止按钮，第一台电动机也不会停止。

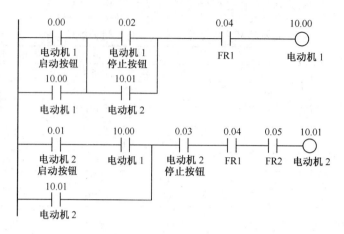

图 7.5 顺序启停控制

④ 过载保护：第一台电动机过载，两台电动机都停止。第二台电动机过载，只有第二台电动机停止。

⑤ 指示功能：异常现象及过载的报警。

梯形图说明如下。

① 只有先按下电动机 1 启动按钮 SB1，10.00 得电，从而使接触器线圈 KM1 得电，使电动机 1 得电启动并运行。

② 接着再按下电动机 2 启动按钮 SB2，10.01 才得电，从而使接触器线圈 KM2 得电，使电动机 2 得电启动并运行。

③ 只要先按下电动机 2 停止按钮 SB4，10.01 断电，从而使接触器线圈 KM2 断电，使电动机 2 停止运行。

④ 接着再按下电动机 1 停止按钮 SB3，10.00 才断电，从而使接触器线圈 KM1 断电，使电动机 1 停止运行。

⑤ 如果电动机 1 发生过载，热继电器 FR1 动作，则 10.00 和 10.01 都断电，实现过载保护。

⑥ 如果电动机 2 发生过载，热继电器 FR2 动作，则只有 10.01 断电，实现过载保护。

⑦ 故障报警及指示功能，请同学们自行设计并实现。

3．实践操作

在任务一的基础上完成任务二：3 台电动机顺序启停控制。

控制要求。

（1）每台电动机都设有单独控制自身的启停按钮。

（2）启动顺序：M1→M2→M3。

（3）停止顺序：M3→M2→M1。

（4）过载保护：第一台电动机过载，3 台电动机都停止。第二台电动机过载，第二台电动机和第 3 台电动机停止。第三台电动机过载，只有第三台电动机停止。

（5）指示功能：异常现象及过载的报警。

项目要求：填写 I/O 地址分配表，绘制 I/O 接线图，编写梯形图。

4．程序调试及软件操作流程

（1）输入程序。

（2）编译程序：Ctrl+F7。

（3）在线工作：Ctrl+W。

（4）传入 PLC：Ctrl+T。

（5）运行程序。

（6）监控程序。

（7）调试程序。

① 先按下电动机 2 启动按钮 SB2，10.01 不得电，使电动机 2 不运行。

② 接着按下电动机 1 启动按钮 SB1，10.00 得电，电动机 1 得电启动并运行。

③ 最后再按下电动机 2 启动按钮 SB2，10.01 才得电，从而使接触器线圈 KM2 得电，使电动机 2 得电启动并运行。

④ 以上操作完成顺序启动功能，只有第一台电动机启动，才能启动第二台电动机。

⑤ 先按下电动机 1 停止按钮，10.00 不断电，电动机 1 继续运行。

⑥ 接着按下电动机 2 停止按钮 SB4，10.01 断电，从而使接触器线圈 KM2 断电，使电动机 2 停止运行。

⑦ 最后再按下电动机 1 停止按钮 SB3，10.00 才断电，从而使接触器线圈 KM1 断电，使电动机 1 停止运行。

⑧ 以上操作完成顺序停止功能，只有第二台电动机停止，才能停止第一台电动机。

⑨ 给出电动机 1 过载信号，热继电器 FR1 动作，则 10.00 和 10.01 都断电，实现过载保护作用。

⑩ 再次重新启动电动机 1 和电动机 2，然后给出电动机 2 过载信号，热继电器 FR2 动作，则只有 10.01 断电，实现过载保护作用。

⑪ 故障报警及指示功能，请同学们自行设计实现并调试。

⑫ 实现两台电动机顺序启停控制。

实用资料：　步进电动机简介

步进电动机是将电脉冲信号转换为相应的角位移或直线位移的一种特殊执行电动机。每输入一个电脉冲信号，电动机就转动一个角度，它的运动形式是步进式的，所以称为步进电动机。

（1）步进电动机的工作原理。下面以一台最简单的三相反应式步进电动机为例，简单介绍步进电动机的工作原理。图 7.6 所示为一台三相反应式步进电动机的原理图。定子铁心为凸极式，共有 3 对（6 个）磁极，每两个空间相对的磁极上绕有一相控制绕组。转子用软磁性材料制成，也是凸极结构，只有 4 个齿，齿宽等于定子的极宽。

当 A 相控制绕组通电，其余两相均不通电时，电动机内建立以定子 A 相极为轴线的磁场。由于磁通具有力图走磁阻最小路径的特点，使转子齿 1、3 的轴线与定子 A 相极轴线对齐，如图 7.6（a）所示。若 A 相控制绕组断电、B 相控制绕组通电时，转子在反应转矩的作用下，逆时针转过 30°，使转子齿 2、4 的轴线与定子 B 相极轴线对齐，即转子走了一步，如图 7.6（b）所示。若再断开 B 相，使 C 相控制绕组通电时，转子逆时针方向又转过 30°，使转子齿 1、3 的轴线与定子 C 相极轴线对齐，如图 7.6（c）所示。如此按 A—B—C—A 的顺序轮流通电，转子就会一步一步地按逆时针方向转动，其转速取决于各相控制绕组通电与断电的频率，旋转方向取决于控制绕组轮流通电的顺序。若按 A—C—B—A 的顺序通电，则电动机按顺时针方向转动。上述通电方式称为三相单三拍。"三相"是指三相步进电动机；"单三拍"是指每次只有一相控制绕组通电；控制绕组每改变一次通电状态称为一拍，"三拍"是指改变 3 次通电状态为一个循环。把每一拍转子转过的角度称为步距角。三相单三拍运行时，步距角为 30°。显然，这个角度太大，不能付诸实用。如果把控制绕组的通电方式改为 A→AB→B→BC→C→CA→A，即一相通电接着二相通电间隔地轮流进行，完成一个循环需要经过 6 次改变通电状态，称为三相单、双六拍通电方式。当 A、B 两相绕组同时通电时，转子齿的位置应同时考虑到两对定子极的作用，只有 A 相极和 B 相极对转子齿所产生的磁拉力相平衡的中间位置，才是转子的平衡位置。这样，单、双六拍通电方式下转子平衡位置增加了一倍，步距角为 15°。进一步减小步距角的措施是采用定子磁极带有小齿，转子齿数很多的结构，分析表明，这样结构的步进电动机，其步距角可以做得很小。一般来说，实际的步进电动机产品，都采用这种方法实现步距角的细分。3S57Q-04056，它的步距角在整步方式下为 1.8°，半步方式下为 0.9°。除了步距角外，步进电动机还有例如保持转矩、阻尼转矩等技术参数，这些参数的物理意义请参阅有关步进电动机的专门资料。3S57Q-04056 部分技术参数如表 7.2 所示。

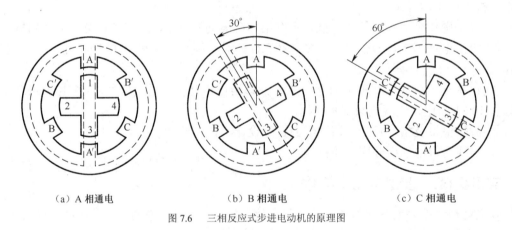

（a）A 相通电 　　　　　（b）B 相通电 　　　　　（c）C 相通电

图 7.6　三相反应式步进电动机的原理图

表 7.2　　　　　　　　　　　3S57Q-04056 部分技术参数

参数名称	步距角	相电流	保持扭矩	阻尼扭矩	电动机惯量
参数值	1.8°	5.8A	1.0N·m	0.04N·m	0.3kg·cm²

（2）步进电动机的使用，一是要注意正确的安装，二是正确的接线。安装步进电动机时，必须严格按照产品说明的要求进行。步进电动机是一精密装置，安装时注意不要敲打它的轴端，更不要拆卸电动机。不同的步进电动机的接线有所不同，3S57Q-04056 接线图如图 7.7 所示，3 个相绕组的 6 根引出线，必须按头尾相连的原则连接成三角形。改变绕组的通电顺序就能改变步进电动机的转动方向。

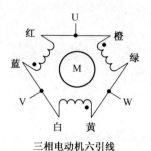

三相电动机六引线

线色	电机信号
红色	U
橙色	
蓝色	V
白色	
黄色	W
绿色	

图 7.7　3S57Q-04056 的接线

【自测与练习】

1. 分别用置位复位指令及保持指令完成两台电动机顺序启停控制功能。
2. 分别用置位复位指令及保持指令完成 3 台电动机顺序启停控制功能。

【项目工作页】

1. 资讯（电动机顺序启停控制）

项目任务

完成电动机顺序启停控制控制

（1）如何实现电动机顺序启停控制，常用的方法有哪些？

（2）输入输出符号表。

序　号	符　号	地　址	注　释	备　注
1				
2				
3				
4				
5				
6				
7				
8				

2. 决策（电动机顺序启停控制）

采用的控制方案：

输入输出设备点数：

3. 计划（电动机顺序启停控制）

填写项目实施计划表。

实施步骤	内　容	进　度	负责人	完成情况
1				
2				
3				
4				

4. 实施（电动机顺序启停控制）

（1）绘制主电路。

（2）绘制 PLC 输入输出接线图。

0.00	0.01	0.02	0.03	0.04			

0.00	10.01	10.02	10.03	10.04			

（3）绘出梯形图。

5. 检查（电动机顺序启停控制）

遇到的问题或故障	解 决 方 案	效 果	结 论 及 收 获	解 决 人 员

6．评价（电动机顺序启停控制）

自我评价与互评成绩表

自我评价（权重20%）				
技能点	程序设计方法 5分	输入输出设备 5分	功能图绘制 5分	梯形图设计 5分
分数				
项目自评总分				
收获与总结				
改进意见				

☆☆☆ ☆☆☆ ☆☆☆

小组互评（权重30%）				
技能点	输入输出设备 5分	功能图绘制 5分	梯形图设计 10分	系统调试能力 10分
分数				
项目互评总分				
评价意见				

☆☆☆ ☆☆☆ ☆☆☆

教师评价（权重50%）				
技能点	功能图绘制 10分	梯形图设计 10分	系统调试能力 10分	项目整体效果 20分
分数				
教师评价总分				
项目总分				
项目总评				

小组互评表（本组不填）

组　号	输入输出设备 5分	功能图绘制 5分	梯形图设计 10分	系统调试能力 10分
1				
建议或收获*				
2				
建议或收获*				
3				
建议或收获*				
4				
建议或收获*				
5				
建议或收获*				
6				
建议或收获*				
7				
建议或收获*				

*注：建议或收获填写对该组出现问题的分析及建议，以及通过该组观看的成果展示，自己学到了哪些知识或方法。

评分标准

评 分 内 容	配　分	评 分 标 准	扣　　分	得　　分
新知识	10	不了解顺序启停的应用场合，扣1~10分		
软件使用	10	软件操作有误，扣1~10分		
硬件接线	20	输入输出接线图绘制不正确，扣1~5分		
		接线图设计缺少必要的保护，扣1~10分		
		线路连接工艺差，扣1~5分		
功能实现	60	电动机不能启动，扣10分		
		电动机不是顺序启动，扣10分		
		电动机不能停止，扣10分		
		电动机不是顺序停止，扣10分		
		过载时不能按要求停止，扣10分		
		过载时没有报警，扣10分		

项目 8　优先抢答器 PLC 控制

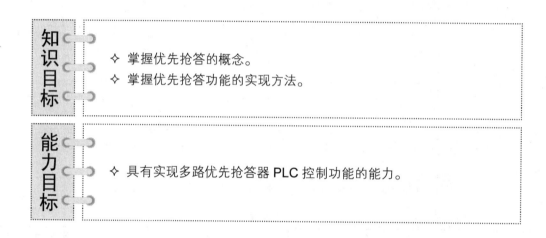

◇ 掌握优先抢答的概念。
◇ 掌握优先抢答功能的实现方法。

◇ 具有实现多路优先抢答器 PLC 控制功能的能力。

【项目内容（资讯）】

优先抢答器功能在实际生活中非常普遍，除了大家在电视中看到的抢答节目中使用外，在工业控制中，优先控制功能也很常见。

本项目的任务如下。

任务一：三路优先抢答器的实现

控制要求：

（1）共有三组人员参加抢答，每组都有自己的抢答按钮和指示灯；

（2）实现三路优先抢答，最先抢答的组，其对应指示灯亮；

（3）主持人控制一个停止按钮，按下停止按钮，所有指示灯灭，可以开始下次抢答。

任务二：四路优先抢答器的实现（学生自行设计）

控制要求：

（1）共有四组人员参加抢答，每组都有自己的抢答按钮和指示灯；

（2）实现四路优先抢答，最先抢答的组，其对应指示灯亮；

（3）主持人控制一个启动按钮，一个停止按钮，只有主持人按下启动按钮，抢答才有效，否则各组的指示灯都不亮，主持人按下停止按钮，所有指示灯灭。

【项目分析（决策）】

抢答器的实现无非是要解决两个问题：一是答，二是抢。

答：即如果该组按下相应的启动按钮，对应的指示灯亮并保持，该功能跟以前的项目中典型的启-保-停控制程序是完全一致的，我们可以用输出指令、保持指令、置位复位指令实现。

抢：抢答器控制系统的特点就是其随机性，很可能几个组都想回答问题，都按下相应的按钮，但按钮的触点动作一定是有先有后的，此时就要体现"优先"的功能，哪组的按钮最先动作，则该组的灯亮，其他组即使按下按钮，其对应的指示灯也不再点亮，也就是说，只要有一组先抢答成功，本次抢答状态就锁定不再变化。我们只要能够实现优先的功能即可以实现优先抢答器的功能了。

要实现优先抢答器功能，项目步骤如下所示：

（1）确定输入输出设备；

（2）设计 PLC 输入输出接线图；

（3）进行 PLC 程序设计；

（4）进行系统的调试。

在该项目中，我们首先学习"优先抢答"控制功能的实现方法，然后就可以轻松的完成第八个工程项目了。

【项目新知识点学习资料】

"优先抢答"功能的实现

如项目分析中所述，优先抢答中的"答"就是以前所学的连续运行控制，而"抢"就是优先功能的实现。在项目 6 声光报警系统中，我们已经应用过优先功能的实现，优先功能只要用"互锁"即可实现。而在优先抢答器控制中的优先级是同等的，也就是说，每个组的优先级都是相同的，所以只要把各组的指示灯都进行互锁即可，具体的控制程序如图 8.1 所示，图中只给出两组指示灯的控制程序，第三组的指示灯控制请同学们发挥你们的聪明才智，自己完成。

【项目实施】

用 PLC 完成三路优先抢答器控制功能的具体实施方案如下。

1. 三路优先抢答器控制电路

我们已经知道，用 PLC 的控制功能完成相应的工程首先要分析工程控制要求，熟悉工作过程，然后确定输入/输出地址及功能，接下来绘制 PLC 的 I/O 硬件接线图，编写 PLC 控制

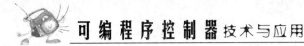

程序，最后进行系统的调试。

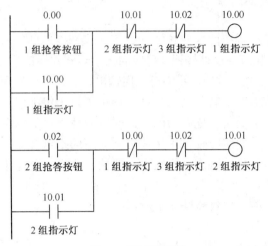

图 8.1　抢答器梯形图

（1）三路优先抢答器控制输入/输出地址及功能。

三路优先抢答器控制输入/输出地址分配如表 8.1 所示。

表 8.1　　　　　　　　　　三路优先抢答器控制输入/输出地址分配表

	符　号	功　能	地　址
输入设备	SB1	1 组抢答按钮（常开接点）	0.00
	SB2	2 组抢答按钮（常开接点）	0.01
	SB3	3 组抢答按钮（常开接点）	0.02
	SB4	主持人停止按钮（常开接点）	0.03
输出设备	HL1	1 组指示灯	10.00
	HL2	2 组指示灯	10.01
	HL3	3 组指示灯	10.02

（2）三路优先抢答器 PLC 控制的 I/O 硬件接线图。

图 8.2 所示为三路优先抢答器 PLC 控制的 I/O 硬件接线图，其中输入设备的电源采用 24V 直流，如果其他项目中的输入设备包含其他电压等级或电压类型的传感器，则不能简单的采用 24V 直流，需根据实际情况具体实现。图 8.2 中熔断器 FU2 的主要作用是保护 PLC 和输出设备，一般情况下不可省略。输出设备中的电源类型及等级是由负载决定的，本例中的指示灯采用额定电压为交流 24V 的彩色白炽灯，所以，电源电压采用交流 24V。如果指示灯采用 LED 发光二极管，则必须要根据所采用的 LED 的型号和性能决定是否必须加限流电阻，电源的类型及等级也必须根据实际的系统确定。

（3）三路优先抢答器控制 PLC 的程序设计，如图 8.3 所示。

我们再看看任务一，三路优先抢答器控制的具体控制要求：

① 共有三组人员参加抢答，每组都有自己的抢答按钮和指示灯；

② 实现三路优先抢答，最先抢答的组，其对应指示灯亮；

③ 主持人控制一个停止按钮，按下停止按钮，所有指示灯灭，可以开始下次抢答。

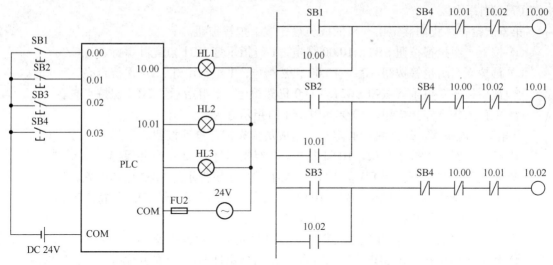

图 8.2　三路优先抢答器 PLC 控制 I/O 硬件接线图　　　　图 8.3　三路优先抢答器控制

梯形图说明如下。

① 按下 1 组抢答按钮 SB1，10.00 得电，1 组指示灯 HL1 点亮并保持。

此时按下 2 组抢答按钮 SB2，但由于 10.00 处于得电状态，所以 10.00 的常闭触点断开，因此 10.01 无法得电，2 组的指示灯不会点亮，而 10.00 仍然得电，1 组指示灯 HL1 保持点亮。

② 再按下 3 组抢答按钮 SB3，同样由于 10.00 处于得电状态，所以 10.00 的常闭触点断开，因此 10.02 也无法得电，3 组的指示灯也不会点亮，而 10.00 仍然得电，1 组指示灯 HL1 保持点亮。

③ 主持人按下停止按钮，10.00 断电，1 组指示灯灭，可以开始下次抢答。

④ 如果先按下 2 组抢答按钮 SB2，则 2 组指示灯保持点亮，其他组的按钮不被响应，其过程与上述基本相同，请同学们自行分析。

2．实践操作

在任务一的基础上完成任务二：四路优先抢答器的实现。

控制要求：

（1）共有四组人员参加抢答，每组都有自己的抢答按钮和指示灯；

（2）实现四路优先抢答，最先抢答的组，其对应指示灯亮。

（3）主持人控制一个启动按钮，一个停止按钮，只有主持人按下启动按钮，抢答才有效，否则各组的指示灯都不亮，主持人按下停止按钮，所有指示灯灭。

项目要求：填写 I/O 地址分配表，绘制 I/O 接线图，编写梯形图。

3．程序调试及软件操作流程

（1）输入程序。

（2）编译程序：Ctrl + F7。

（3）在线工作：Ctrl+W。

（4）传入 PLC：Ctrl+T。

（5）运行程序。

（6）监控程序。

（7）调试程序。

第一次抢答，我们假定第一组的成员最先按下抢答按钮。

① 按下 1 组抢答按钮 SB1，10.00 得电，1 组指示灯 HL1 点亮并保持。

② 再按下 2 组抢答按钮 SB2，10.00 仍然得电，1 组指示灯 HL1 保持点亮。

③ 最后按下 3 组抢答按钮 SB2，10.00 仍然得电，1 组指示灯 HL1 保持点亮。

④ 主持人按下停止按钮，10.00 断电，1 组指示灯灭。

开始第二次抢答，这次我们假定第二组成员最先按下抢答按钮。

① 按下 2 组抢答按钮 SB2，10.01 得电，2 组指示灯 HL2 点亮并保持。

② 再按下 1 组抢答按钮 SB1，10.01 仍然得电，2 组指示灯 HL2 保持点亮。

③ 最后按下 3 组抢答按钮 SB3，10.01 仍然得电，2 组指示灯 HL2 保持点亮。

④ 主持人按下停止按钮，10.01 断电，2 组指示灯灭。

开始第三次抢答，这次我们假定第三组成员最先按下抢答按钮。

① 按下 3 组抢答按钮 SB3，10.02 得电，3 组指示灯 HL3 点亮并保持。

② 再按下 1 组抢答按钮 SB21 10.02 仍然得电，3 组指示灯 HL3 保持点亮。

③ 最后按下 2 组抢答按钮 SB2，10.02 仍然得电，3 组指示灯 HL3 保持点亮。

④ 主持人按下停止按钮，10.02 断电，3 组指示灯灭。

实现三路优先抢答功能。

实用资料：伺服电动机简介

1. 概述

伺服电动机又称为执行电动机。其功能是将电信号转换成转轴的角位移或角速度。分交、直流两类。主要用于辅助运动控制。

直流伺服电动机具有良好的线性调节特性及快速的时间响应。20 世纪 70 年代以来，直流伺服电动机应用非常广泛。近年来，交流伺服技术进步很快，应用的越来越多。但在有些方面还是直流伺服较适用，如：需要高度平滑的运转，特别是在低速时；需要高速度（>5 000r/min）；需要较高的速度稳定性；较恒定的力矩；需要直流电源输入的场合。当然在缺点方面也很明显，如：有刷电动机要维护更换电刷（无刷电动机目前功率一般较小，性能不如有刷电动机）；一般不用于高精度位置控制，用于速度和力矩控制较合适。

交流伺服电动机作用原理与交流感应电动机相同。定子上有两个相空间位移 90° 电角度的励磁绕组 Wf 和控制绕组 Wc。励磁绕组 Wf 接一恒定交流电压，利用施加到控制绕组 Wc 上的交流电压或相位的变化，达到控制电动机运行的目的。

交流伺服电动机常用的转子结构有笼式和非磁性杯形。笼式转子与感应电动机的笼式转子结构相似，但较细长，其励磁电流小、功耗低、体积小、机械强度高。广泛应用于交流控制系统。非磁性杯形转子是用非磁性金属如铝、紫铜等制成。这种转子惯量小，运行平稳，噪声小，灵敏度高，主要用于一些要求运行平滑的系统。交流伺服电动机分为同步和异步型 AC 伺服系统两种。永磁转子的同步伺服电动机由于永磁材料性能不断提高，价格不断下降，控制又比异步电动机简单，容易实现高性能的缘故，所以永磁同步电动机的 AC 伺服系统应用更为广泛。伺服电动机实际是一个闭环运动控制系统。除了电动机，还有驱动器。驱动器是电力电子电路。它接收脉冲或电压信号，生成驱动伺服电动机的工作电源，使伺服电动机转动，同时接收来自电动机的反馈信号。

电动机除了动力部分，接受驱动器电源作用而转动，同时，还有反馈器件，可间接把位置、速度、扭矩等信号回馈给驱动器。

目前常用的位置和速度检测反馈器件有光电式和电磁式两种，例如光电编码器、磁编码器、旋转变压器（BR）以及多转式绝对值编码器。后面两种，可作多种检测功能应用，既可检测系统位置和转子速度，又可检测转子磁极位置。它坚固耐用，不怕震动，耐高温，但存在信号处理电路复杂的缺点。伺服电动机实际是一个闭环运动控制系统，功能、性能都比较高，可用于速度控制、转矩控制、位置控制及其组合。

2. 特点

交流伺服电动机有如下特点。

（1）运行稳定。交流伺服电动机与一般异步电动机相比，具有更大的转子电阻，它的机械特性的斜率都是负值。转速随转矩的增加而均匀下降，因此，可在 n 为 $0 \sim n_0$（空载转速）之间稳定运行。这样的机械特性决定了电动机的效率较低。

（2）可控性好。两相交流伺服电动机机械特性的斜率为负值，在单相供电时，转矩和转速符号相反，因此，当单相励磁时，电动机不会发生自转现象，即控制信号一旦消失，电动机立即停转。

（3）快速响应。控制绕组接到控制信号后，能快速启动，信号消失后，又立即自行制动、停转。一般用机械和电两个时间常数来表征，时间常数小，快速响应良好。要求电动机具有高的转矩、小的转动惯量及电感和电阻比值。

（4）灵敏度高。电动机具有小的启动电压。启动电压指的是额定励磁电压下，加于控制绕组以使电动机开始连续转动的最小电压。启动电压越小，则灵敏度越高，系统的不灵敏区越小。一般启动电压应小于额定电压的 4%。

（5）机械特性和调节特性的非线性度指标严格。机械特性的非线性度 K_m 是指在额定励磁电压下，对任意控制电压时的实际机械特性与线性机械特性在转矩 M 等于 $M_k/2$ 时的转速差 Δn 与空载转速 n_0 之比的百分数，即 $K_m = \Delta n / n_0 \times 100\%$，$K_m$ 要求小于 15%，图 8.4 所示为交流伺服电动机机械特性的非线性度。

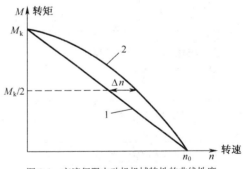

图 8.4 交流伺服电动机机械特性的非线性度

【自测与练习】

（1）分别用置位复位指令及保持指令完成三路优先抢答器控制功能。

（2）分别用置位复位指令及保持指令完成四路优先抢答器控制功能。

【项目工作页】

1. 资讯（优先抢答器）

项目任务

完成优先抢答器控制

（1）如何实现优先抢答器？

_____

（2）输入输出符号表。

序　号	符　　号	地　　址	注　释	备　注
1				
2				
3				
4				
5				
6				
7				
8				

2. 决策（优先抢答器）

采用的控制方案：

_____

输入输出设备点数：

_____

3. 计划（优先抢答器）

填写项目实施计划表。

实施步骤	内　　容	进　　度	负　责　人	完　成　情　况
1				
2				
3				
4				

4．实施（优先抢答器）

（1）绘制主电路。

（2）绘制 PLC 输入输出接线图。

0.00	0.01	0.02	0.03	0.04			
10.00	10.01	10.02	10.03	10.04			

（3）绘出梯形图。

5．检查（优先抢答器）

遇到的问题或故障	解 决 方 案	效 果	结论及收获	解 决 人 员

6. 评价（优先抢答器）

自我评价与互评成绩表

自我评价（权重20%）				
技能点	程序设计方法 5分	输入输出设备 5分	功能图绘制 5分	梯形图设计 5分
分数				
项目自评总分				
收获与总结				
改进意见				
☆☆☆ ☆☆☆☆ ☆☆☆				
小组互评（权重30%）				
技能点	输入输出设备 5分	功能图绘制 5分	梯形图设计 10分	系统调试能力 10分
分数				
项目互评总分				
评价意见				
☆☆☆ ☆☆☆☆ ☆☆☆				
教师评价（权重50%）				
技能点	功能图绘制 10分	梯形图设计 10分	系统调试能力 10分	项目整体效果 20分
分数				
教师评价总分				
项目总分				
项目总评				

小组互评表（本组不填）

组　　号	输入输出设备 5分	功能图绘制 5分	梯形图设计 10分	系统调试能力 10分
1				
建议或收获*				
2				
建议或收获*				
3				
建议或收获*				
4				
建议或收获*				
5				
建议或收获*				
6				
建议或收获*				
7				
建议或收获*				

*注：建议或收获填写对该组出现问题的分析及建议，以及通过该组观看的成果展示，自己学到了哪些知识或方法。

评分标准

评 分 内 容	配　分	评 分 标 准	扣　分	得　分
新知识	10	优先抢答器的概念没有理解，扣1～10分		
软件使用	10	软件操作有误，扣1～10分		
硬件接线	30	输入输出接线图绘制不正确，扣1～10分		
		接线图设计缺少必要的保护，扣1～10分		
		线路连接工艺差，扣1～10分		
功能实现	50	指示灯不点亮，扣10分		
		同时有两组或者两组以上的指示灯点亮，扣10分		
		没有停止功能，扣10分		
		没有启动功能，扣10分		
		优先功能不正确，扣10分		

项目 9　电动机减压启动 PLC 控制

知识目标

◇ 掌握常用减压启动控制功能的实现方法。

◇ 掌握定时器指令在减压启动控制中的应用。

◇ 掌握定时器指令的类型、含义、寻址方式及应用方法。

能力目标

◇ 掌握电动机减压启动 PLC 控制方案实现的能力。

◇ 具有熟练应用定时器指令的能力。

◇ 掌握定时器指令的输入方法。

【项目内容（资讯）】

在前面的项目中，我们对电动机的控制都是全压直接启动的方式。在工业场合，对于较大容量的笼型异步电动机（大于 10kW）因启动电流较大，一般都采用减压启动方式来启动。常用的减压启动有定子串电阻（或电抗）、星形-三角形换接、自耦变压器及延边三角形启动等启动方法。在本项目中，要求使用定子串电阻和星形-三角形换接的方法实现减压启动。

【项目分析（决策）】

1. 定子串电阻减压启动控制

定子串电阻减压启动控制：电动机启动时在三相定子电路中串接电阻，使电动机定子绕组电压降低，启动结束后再将电阻短接，电动机在额定电压下正常运行。这种启动方式由于不受电动机接线形式的限制，设备简单，因而在中小型生产机械中应用较广。机床中也常用这种串电阻减压方式限制点动及制动时的电流。启动电阻一般采用由电阻丝绕制的板式电阻或铸铁电阻，电阻功率大，能够通过较大电流，但能量损耗较大，为了节省能量可采用电抗器代替电阻，但其价格较贵，成本较高。

如果电动机是单向连续运行，则电动机的控制需要使用两个接触器，一个在启动时接通，通过定时功能，当启动过程结束后，将其断电；同时启动全压运行的接触器，使电动机进入正常全压运行状态。因此只要使用 PLC 的定时器指令就可以实现该功能。

2．星形-三角形换接减压启动控制线路

正常运行时定子绕组接成三角形，而且三相绕组 6 个抽头均引出的笼型异步电动机，常用采用星形-三角形减压启动方法来达到限制启动电流的目的。

启动时，定子绕组首先接成星形，待转速上升到接近额定转速时，将定子绕组的接线由星形接成三角形，电动机便进入全电压正常运行状态。因功率在 4kW 以上的三相笼型异步电动机均为三角形接法，故都可以采用星形-三角形启动方法。三相笼型异步电动机采用星形-三角形减压启动时，定子绕组星形连接状态下启动电压为三角形连接直接启动电压的 $1/\sqrt{3}$，启动转矩为三角形连接直接启动转矩的 1/3，启动电流也为三角形连接直接启动电流的 1/3。与其他减压启动相比，星形-三角形减压启动投资少、线路简单，操作方便，但启动转矩较小。这种方法，适用于空载或轻载状态，因为机床多为轻载和空载启动，因而这种启动方法应用较普遍。

如果电动机是单向连续运行，则电动机的控制需要使用三个接触器，一个接触器负责电动机总的电源控制，即在电动机的启动与运行过程中，该接触器始终处于通电的状态；一个接触器负责将电动机绕组接成星形，因此该接触器是在启动时接通，当启动过程结束就断电，启动过程同样用时间控制。最后一个接触器负责将电动机绕组接成三角形，因此该接触器是在电动机启动过程结束后接通，负责电动机全压运行。与减压启动相同，只要使用 PLC 的定时器指令就可以实现该功能。

要实现单向连续运行电动机的减压启动控制，只要在电动机的连续运行控制程序的基础上加上定时器功能即可，完成该项目步骤与以往相同：

（1）设计主电路；

（2）确定输入输出设备；

（3）设计 PLC 输入输出接线图；

（4）进行 PLC 程序设计；

（5）进行系统的调试。

在本项目中，我们首先学习"定时器"指令的相关知识，然后就可以轻松的完成第九个工程项目了。

【项目新知识点学习资料】

定时器指令

1．指令功能

TIMH：以 10ms 为最小时间单位，设置延时接通的定时器。

TIM：以 100ms 为最小时间单位，设置延时接通的定时器。

定时器的工作原理：定时器为减计时型。当程序进入运行状态后，输入触点接通瞬间定

时器开始工作，先将设定值寄存器 SV 的内容装入当前值寄存器 PV 中，然后开始计时。直至 PV 中内容减为 0 时，该定时器各对应触点动作，即常开触点闭合、常闭触点断开。而当输入触点断开时，定时器复位，对应触点复位，且 PV 清零，但 SV 不变。若在定时器未达到设定时间时断开其输入触点，则定时器停止计时，其过程值寄存器被清零，且定时器对应触点不动作，直至输入触点再接通，重新开始定时，如图 9.1 所示。

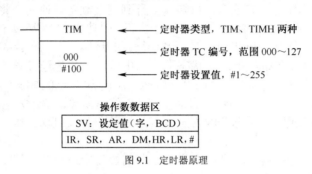

图 9.1　定时器原理

简单地说，当定时器的执行条件成立时，定时器以 TIMH、TIM 所规定的时间单位对预置值作减计时，预置值减为 0 时，定时器触点动作，其对应的常开触点闭合，常闭触点断开。

2. 梯形图结构

定时器指令梯形图如图 9.2 所示。

梯形图说明如下。

当 0.00 接通时，定时器开始计时，10s 后，定时时间到，定时器对应的常开触点 TIM000 接通，定时器对应的常闭触点 TIM000 断开，使输出继电器 10.01 导通为 ON，输出继电器 10.02 断开为 OFF；当 0.00 断开时，定时器复位，对应的常开触点 TIM000 断开，输出继电器 10.01 断开为 OFF，输出继电器 10.02 导通为 ON。

3. 时序图

定时器指令时序图如图 9.3 所示。

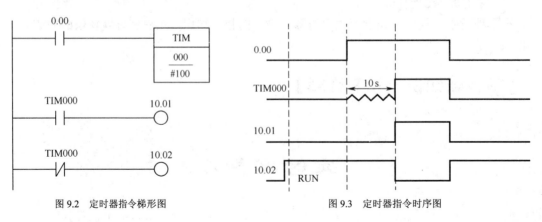

图 9.2　定时器指令梯形图　　　　　图 9.3　定时器指令时序图

4. 注意事项

（1）在 CPM1A 中，用于定时器 TC 编号的范围是 000～127，可是在 CPM1A 中 TC 编号是定时器与计数器共用的，所以定时器与计数器不能用同一个 TC 编号。

（2）TIM 指令是减法计时型预置定时器，参数有两个，一个是时间单位，即定时时钟，可分为两种，TIMH=0.01s 和 TIM=0.1s；另一个是预置值，其取值范围可为 1～255。这样，定时时间就可以根据上述两个参数直接计算出来，即定时时间=时间单位×预置值。也正是由于这个原因，TIMH 000 1000、TIM 001 100 这两条指令的延时时间是相同的，都是 10s，差别仅在于定时的时间精度不同。精度的选择要根据实际工程的精度要求而适当的确定。

（3）定时器的预置值和当前值会自动存入相同编号的专用寄存器 SV 和 PV 中，若想使用当前值（PV）可以通过指定 TC 编号来实现，这个 TC 编号用来定义访问存放定时器/计数器当前值（PV）的一个内存位置。

（4）同输出继电器的概念一样，定时器也包括线圈和触点两个部分，采用相同编号。因此，在同一个程序中，相同编号的定时器只能使用一次，而该定时器的触点可以通过常开或常闭触点的形式被多次引用。

（5）在实际的 PLC 程序中，定时器的使用是非常灵活的，如将若干个定时器串联或是将定时器和计数器级联使用可扩大定时范围，或将两个定时器互锁使用可构成方波发生器，还可以在程序中利用高级指令 F0（MV）直接在 SV 寄存器中写入预置值，从而实现可变定时时间控制。

5．应用举例

按下启动按钮，电动机运行并自锁，电动机运行 5s 后，自动停止运行，如图 9.4 所示。

6．定时器指令的输入

定时器指令的输入步骤如下。

（1）输入常开触点 0.00。

（2）单击功能键 ⊟。

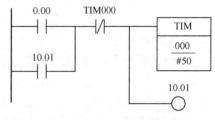

图 9.4　电动机延时停止梯形图

（3）再在常开触点 0.00 后面的蓝色区域内单击鼠标左键，出现如 所示对话框。

（4）单击 详细资料 ，出现图 9.5（a）所示对话框。

（5）单击 查找指令 ，并单击定时器和计数器，在右边找到 TIM 指令，如图 9.5（b）所示对话框，单击确定。

（6）输入操作数。单击图 9.5（c）所示的蓝色条，若操作数为#100，则直接输入#100；若操作数为单元 200CH，则直接输入 200。输入完毕单击确定。

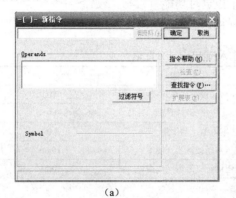

（a）

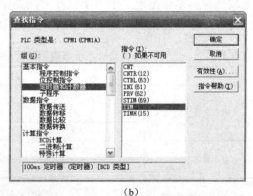

（b）

图 9.5　定时器指令输入

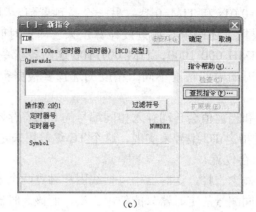

(c)

图 9.5　定时器指令输入（续）

【项目实施】

常用的减压启动有定子串电阻（或电抗）、星形-三角形换接等启动方法。下面将传统的继-接方式控制电动机减压启动用PLC 控制功能实现。

1. 电动机定子串电阻减压启动 PLC 控制主电路

PLC 完成电动机减压启动控制功能是对控制电路的改造，而其主电路与传统的继-接方式实现电动机的减压启动控制的主电路相同的，如图 9.6 所示。从图 9.6 中可以看出：合上电源开关 QS，此时如果按下启动按钮，则 KM1 得电吸合并自锁，电动机串电阻 R 启动，同时开始延时，经一段时间后（通常 3s 或可以现场调试确定启动时间），KM2 得电动作，将主回路电阻 R 短接，电动机在全压下进入稳定正常运转。

2. 电动机定子串电阻减压启动 PLC 控制电路

（1）电动机减压启动控制输入/输出地址及功能。

电动机的减压启动控制输入/输出地址分配如表 9.1 所示，这里尤其要注意的是输出设备中是不需要时间继电器的，定时功能依靠定时器指令功能完成，这正是 PLC 控制的优越性体现。

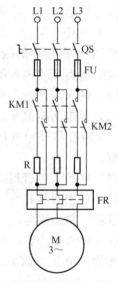

图 9.6　电动机减压启动控制主电路

表 9.1　　　　　　　　　电动机定子串电阻减压启动输入/输出地址分配表

	符　号	功　能	地　址
输入设备	SB1	正向启动按钮（常开接点）	0.00
	SB2	停止按钮（常闭接点）	0.01
	FR	热继电器（常闭接点）	0.02
输出设备	KM1	减压启动接触器（线圈）	10.00
	KM2	全压运行接触器（线圈）	10.01

（2）电动机减压启动 PLC 的 I/O 硬件接线图。

图 9.7 所示为电动机减压启动 PLC 的 I/O 硬件接线图，其中输入设备的电源采用 24V 直流，如果其他项目中的输入设备包含其他电压等级或电压类型的传感器，则不能简单的采用 24V 直流，需根据实际情况具体实现。图 9.7 中熔断器 FU2 的主要作用是保护 PLC 和输出设备，一般情况下不可省略。输出设备中的电源类型及等级是由负载决定的，本例中的接触器采用额定电压为交流 110V 的交流接触器，所以，电源电压采用交流 110V。

（3）电动机定子串电阻减压启动控制 PLC 的程序设计。

梯形图如图 9.8 所示。

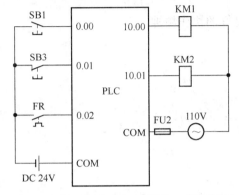

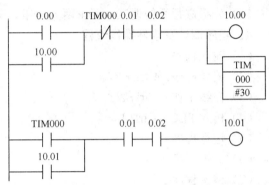

图 9.7 电动机减压启动 PLC 控制的 I/O 硬件接线图　　　　图 9.8 电动机定子串电阻减压启动控制梯形图

梯形图说明如下。

① 按下启动按钮 SB1，则 0.00 接通，10.00 得电，电动机串电阻减压启动，同时定时器 T0 线圈得电，定时器开始计时。

② 计时 3s 时间到，定时器接点动作，定时器常闭接点断开，使 10.00 断电，启动过程结束，定时器常开接点接通，10.01 得电，电动机全压运行。

③ 按下停止按钮 SB2，SB2 常闭接点断开，则 0.01 断开，0.01 常开接点断开，10.00 或 10.01 断电，从而使接触器线圈断电，接触器线圈断电使得接触器本身的触点复位，常开主触点断开，电动机断电并停止。

④ 如果发生过载，热继电器动作，常闭接点断开，则 0.02 断开，0.02 常开接点断开，10.00 或 10.01 断电，从而使接触器线圈断电，接触器线圈断电使得接触器本身的触点复位，常开主触点断开，电动机断电并停止，实现过载保护。

3. 实践操作

在任务一的基础上完成任务二：单向连续运行星形-三角形换接减压启动控制。

电动机星形-三角形换接减压启动 PLC 控制

（1）绘制 PLC 控制主电路电气原理图。

图 9.9 所示为星形-三角形减压启动常采用的控制线路，线路工作原理如下：合上总开关 QS，按

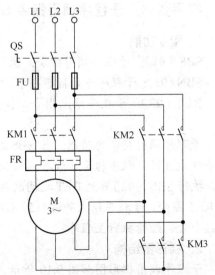

图 9.9 星形-三角形减压启动

下启动按钮，要求 KM3 通电先吸合，先将电动机绕组接成星形，同时使 KM1 也通电吸合并自锁，电动机 M 接成星形减压启动，随着电动机转速的升高，启动电流下降，延时一段时间后，使 KM3 断电释放，KM2 通电吸合，电动机 M 接成三角形正常运行。

接下来的工作请同学们自行分析完成。

（2）绘制 I/O 硬件接线图。

（3）根据主电路电气原理图和 I/O 硬件接线图安装电器元件并配线。

（4）根据原理图复查配线的正确性。

（5）完成 PLC 的程序设计。

（6）分组进行系统调试，要求两人一组，养成良好的协作精神。

4．程序调试及软件操作流程

（1）输入程序。

（2）编译程序：Ctrl + F7。

（3）在线工作：Ctrl+W。

（4）传入 PLC：Ctrl+T。

（5）运行程序。

（6）监控程序。

（7）调试程序。

① 按下启动按钮 SB1，KM1 得电并自锁，电动机串电阻减压启动，同时定时器 T0 线圈得电，定时器开始计时。

② 计时 3s 时间到，KM1 断电，启动过程结束，同时 KM2 得电，电动机全压运行。

③ 按下停止按钮 SB2，KM1 或 KM2 断电，电动机断电并停止。

④ 启动电动机，然后给定电动机过载信号，则 KM1 或 KM2 断电，电动机断电并停止，实现过载保护。

⑤ 电动机单向连续运行串电阻减压启动控制功能。

实用资料：子程序调用指令 SBS（91）、SBN（92）、RET（93）

1．指令功能

SBS（91）：子程序调用指令，执行指定的子程序。

SBN（92）：子程序开始标志指令，用于定义子程序。

RET（93）：子程序结束指令，执行完毕返回到主程序。

子程序调用指令的功能：当 SBS（91）n 指令的执行条件成立时，程序转至子程序启始指令 SBN（92）n 处，执行 SBN（92）n 到 RET 之间的第 n 号子程序。遇到 RET 指令，子程序结束并返回到 SBS（91）n 的下一条指令处，继续执行主程序。

2．梯形图结构

子程序调用梯形图如图 9.10 所示。

功能说明。

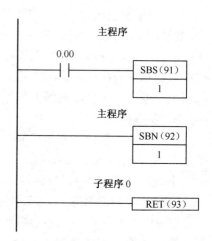

图 9.10　子程序调用梯形图结构

当 0.00 接通时，程序从主程序转到编号为 1 的子程序的启始地址 SBN（92）1 处，开始执行子程序；当执行到 RET 处时，子程序执行完毕，返回到主程序调用处，从 SBS（91）1 指令的下一条指令继续执行随后的主程序。

当 0.00 断开时，不调用子程序，继续执行主程序。

3. 语句表

```
…
LD            0.00
SBS（91）     0
…
SBN（92）     0
…
RET（93）
```

4. 注意事项

（1）SBS（91）指令可用在主程序区、中断程序区和子程序区。两个或多个相同标号的 SBS（91）指令可用于同一程序。

（2）可用子程序的个数为 50 个，即子程序编号范围为 SBN（92）0 ～ SBN（92）49，且两个子程序的编号不能相同。

（3）子程序必须由子程序入口标志 SUN（92）开始，最后是 RET 指令，缺一不可。子程序最好放在主程序的最后面，如果 SBN（92）在主程序中被错放了位置，它将阻止程序执行，也就是说，当遇到 SBN（92）时，程序将返回起始位置。

（4）子程序调用指令 SBS（91）可以在主程序、子程序或中断程序中使用，可见，子程序可以嵌套调用。

（5）当控制触点为 OFF 时，子程序不执行。这时，子程序内的指令状态如表 9.2 所示。

表 9.2　　　　　　　　　　　　子程序内各指令状态

指令或寄存器	状态变化
OUT、KEEP、SET、RSET	保持控制触点断开前对应各继电器的状态
TIM、TIMH	不执行
CNT	保持控制触点断开前经过值，但停止工作
其他指令	不执行

5. 应用举例

（1）工件加工图如图 9.11 所示。

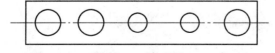

图 9.11　工件加工图

钻孔机械手完成加工孔距不等的，直径不同的 5 个孔，其中孔位置的控制是由传感器检测定位。

（2）具体的加工过程及控制要求。

按下启动按钮（0.00），钻孔机械手右行（10.00），到达第 1 个孔，传感器 B1 发出信号，钻孔机械手停止，伸出手臂（10.01），伸到位（B6），钻头旋转（10.02）并进给（10.03），进给的同时计数 5 个（B7），钻孔加工结束，钻头停止旋转并快速退回，退回到位（B8），一个加工过程结束。

钻孔机械手继续右行，到达第 2 个孔，传感器 BV2 发出信号，钻孔机械手停止，伸出手臂，伸到位，钻头旋转并进给，进给的同时计数 5 个，钻孔加工结束，钻头停止旋转并快速退回，退回到位，第 2 个加工过程结束。

换刀电磁阀得电更换钻头（10.04），换刀结束，钻孔机械手右行，到达第 3 个孔，传感器 BV3 发出信号，钻孔机械手停止，伸出手臂，伸到位，钻头旋转并进给，进给的同时计数 5 个，钻孔加工结束，钻头停止旋转并快速退回，退回到位，第 3 个加工过程结束。

钻孔机械手继续右行，到达第 4 个孔，传感器 BV4 发出信号，钻孔机械手停止，伸出手臂，伸到位，钻头旋转并进给，进给的同时计数 5 个，钻孔加工结束，钻头停止旋转并快速退回，退回到位，第 4 个加工过程结束。

换刀电磁阀得电更换钻头（10.04），换刀结束，钻孔机械手右行，到达第 5 个孔，传感器 BV5 发出信号，钻孔机械手停止，伸出手臂，伸到位，钻头旋转并进给，进给的同时计数 5 个，钻孔加工结束，钻头停止旋转并快速退回，退回到位，第 5 个加工过程结束。

【自测与练习】

1. 通断电延时控制

要求：根据如图 9.12 所示时序图设计梯形图。

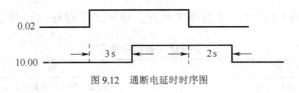

图 9.12　通断电延时时序图

2. 脉冲信号发生器

要求：根据如图 9.13 所示时序图设计梯形图。

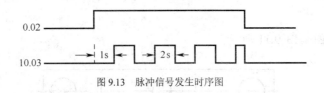

图 9.13　脉冲信号发生时序图

【项目工作页】

1. 资讯（电动机减压启动控制）

项目任务

完成电动机减压启动控制

（1）常用的电动机减压启动控制方法有哪些，如何实现电动机减压启动控制？

_____

（2）输入输出符号表。

序 号	符 号	地 址	注 释	备 注
1				
2				
3				
4				
5				
6				
7				
8				

2. 决策（电动机减压启动控制）

采用的控制方案：

_____

输入输出设备点数：

_____

3. 计划（电动机减压启动控制）

填写项目实施计划表。

实施步骤	内 容	进 度	负 责 人	完 成 情 况
1				
2				
3				
4				

4．实施（电动机减压启动控制）

（1）绘制主电路。

（2）绘制 PLC 输入输出接线图。

0.00	0.01	0.02	0.03	0.04			
10.00	10.01	10.02	10.03	10.04			

（3）绘出梯形图。

5．检查（电动机减压启动控制）

遇到的问题或故障	解决方案	效果	结论及收获	解决人员

6. 评价（电动机减压启动控制）

自我评价与互评成绩表

自我评价（权重20%）				
技能点	程序设计方法 5分	输入输出设备 5分	功能图绘制 5分	梯形图设计 5分
分数				
项目自评总分				
收获与总结				
改进意见				

☆☆☆ ☆☆☆☆ ☆☆☆

小组互评（权重30%）				
技能点	输入输出设备 5分	功能图绘制 5分	梯形图设计 10分	系统调试能力 10分
分数				
项目互评总分				
评价意见				

☆☆☆ ☆☆☆☆ ☆☆☆

教师评价（权重50%）				
技能点	功能图绘制 10分	梯形图设计 10分	系统调试能力 10分	项目整体效果 20分
分数				
教师评价总分				
项目总分				
项目总评				

小组互评表（本组不填）

组 号	输入输出设备 5分	功能图绘制 5分	梯形图设计 10分	系统调试能力 10分
1				
建议或收获*				
2				
建议或收获*				
3				
建议或收获*				
4				
建议或收获*				
5				
建议或收获*				
6				
建议或收获*				
7				
建议或收获*				

*注：建议或收获填写对改组出现问题的分析及建议，以及通过改组观看的成果展示，自己学到了哪些知识或方法。

评分标准

评分内容	配 分	评 分 标 准	扣 分	得 分
新知识	20	减压启动没有理解，扣1~10分		
		定时器功能没有理解，扣1~10分		
软件使用	10	定时器输入不正确，扣10分		
硬件接线	30	输入输出接线图绘制不正确，扣1~10分		
		接线图设计缺少必要的保护，扣1~10分		
		线路连接工艺差，扣1~10分		
功能实现	40	电动机不能运行，扣10分		
		电动机不能减压启动，扣10分		
		定时器使用不正确，扣10分		
		没有过载保护功能，扣10分		

项目 10　电动机制动 PLC 控制

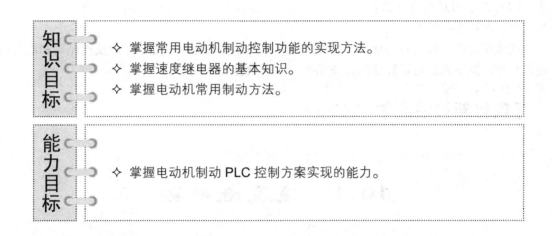

知识目标

◇ 掌握常用电动机制动控制功能的实现方法。
◇ 掌握速度继电器的基本知识。
◇ 掌握电动机常用制动方法。

能力目标

◇ 掌握电动机制动 PLC 控制方案实现的能力。

【项目内容（资讯）】

在前面的项目中，我们控制电动机的停止都是使用自由停止的方式，而对于三相异步电动机来说，从其定子切除电源到完全停止旋转，由于惯性的关系，总要经过一段时间，这往往不能适应某些生产机械工艺的要求。如果要求电动机能迅速停车，就必须采用制动控制，如万能铣床、卧式镗床、组合机床等，无论是从提高生产效率，还是从安全及准确停止等方面考虑，都要求电动机能迅速停车，要求对电动机进行制动控制。制动方法一般有两大类：机械制动和电气制动。机械制动是用机械装置来强迫电动机迅速停车；电气制动实质上是在电动机停车时，产生一个与原来旋转方向相反的制动转矩，迫使电动机转速迅速下降。在本项目中我们采用电气制动控制线路，它包括反接制动和能耗制动。制动控制一般采用时间原则和速度原则，其中时间原则依靠时间继电器控制制动时间，速度原则依靠速度继电器来实现。

本项目的任务如下。

任务一： 电动机单向连续运行反接制动 PLC 控制

任务二： 电动机可逆运行反接制动 PLC 控制

任务三： 电动机单向连续运行能耗制动时间原则 PLC 控制

任务四： 电动机单向运行能耗制动速度原则 PLC 控制

任务五： 电动机可逆运行能耗制动时间原则 PLC 控制

【项目分析（决策）】

要实现单向连续运行电动机制动功能，只要在电动机的单向连续运行控制的基础上增加制动功能即可。如果采用时间原则，就在程序中使用定时器功能即可，如果使用速度原则，硬件系统则必须增加速度继电器。完成该项目步骤与以往相同：

（1）设计主电路；

（2）确定输入输出设备；

（3）设计 PLC 输入输出接线图；

（4）进行 PLC 程序设计；

（5）进行系统的调试。

在本项目中，我们首先学习"速度继电器"的结构及原理，然后了解反接制动和能耗制动的原理，接下来就可以轻松的完成第十个工程项目了。

【项目新知识点学习资料】

10.1　速度继电器

速度继电器是当转速达到规定值时动作的继电器。它常用于电动机反接制动的控制电路中，当反接制动的转速下降到接近零时自动及时地切断电源。

速度继电器的结构原理如图 10.1 所示，它主要由转子、定子和触头等部分组成。转子为

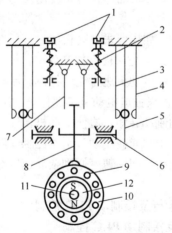

1— 调节螺钉　2— 反力弹簧　3— 常闭触头　4— 常开触头
5— 动触头　6— 推杆　7— 返回杠杆　8— 摆杆　9— 笼型导条
10— 圆环　11— 转轴　12— 永磁转子

图 10.1　速度继电器的结构

永磁铁，固定在轴上；定子的结构与笼型异步电动机的转子相似，由硅钢片叠成，并装有鼠笼型绕组。定子与轴同心且能独自偏摆，与转子间有气隙。速度继电器的轴与电动机的轴相连接。当电动机旋转时，速度继电器的转子跟着电动机一起旋转，永久磁铁产生旋转磁场，定子上的笼型绕组切割磁力线而产生感生电动势和电流，载流导体与旋转磁场相互作用而产生转矩使定子跟随转子的转动方向摆动，定子带动摆杆。转子转速越高，定子摆动的角度越大。当定子摆动的角度大到一定程度时，摆杆通过推杆拨动动触头，使继电器相应的触点作。当转子的速度下降到一定值时，摆杆在返回杠杆的作用下恢复到原来位置。调节弹簧的松紧程度可使速度继电器的触头在电动机不同速度时切换。速度继电器图形文字符号如图 10.2 所示。

（a）转子　　　（b）常开触点　　　（c）常闭触点

图 10.2　速度继电器图形文字符号

10.2　电动机制动 PLC 控制原理

如项目分析中所述，常用的电气制动方法有反接制动和能耗制动。按时间原则控制的能耗制动，一般适用于负载转速比较稳定的生产机械上。对于那些能够通过传动系统来实现负载速度变换或者加工零件经常更动的生产机械来说，采用速度原则控制的能耗制动则较为合适。

1．反接制动控制原理

反接制动是利用改变电动机电源相序的方法，使定子绕组产生相反方向的旋转磁场，因而产生制动转矩的一种制动方法。

由于反接制动时，转子与旋转磁场的相对速度接近于两倍的同步转速，所以定子绕组中流过的反接制动电流相当于全电压直接启动时电流的两倍，因此反接制动特点是制动迅速，效果好，冲击大，通常仅适用于 10kW 以下的小容量电动机。为了减小冲击电流，通常要求在电动机主电路中串接一定的电阻以限制反接制动电流，这个电阻称为反接制动电阻。反接制动电阻的接线方法有对称和不对称两种接法，显然采用对称电阻接法可以在限制制动转矩的同时，也限制了制动电流，而采用不对称制动电阻的接法，只是限制了制动转矩，未加制动电阻的那一相，仍具有较大的电流。反接制动的另一要求是在电动机转速接近于零时，及时切断反相序电源，以防止反向再启动。

反接制动的关键在于电动机电源相序的改变，且当转速接近于零时，能自动将电源切除。为此采用了速度继电器来检测电动机的速度变化。在 120～3000r/min 范围内速度继电器触头动作，当转速低于 100r/min 时，其触头恢复原位。

2．能耗制动控制线路

所谓能耗制动，就是在电动机脱离三相交流电源之后，定子绕组上加一个直流电压，即通入直流电流，利用转子感应电流与静止磁场的作用以达到制动的目的。根据能耗制动时间控制原则，可用时间继电器进行控制，也可以根据能耗制动速度原则，用速度继电器进行控制。

【项目实施】

任务一：电动机单向连续运行反接制动 PLC 控制

1. 电动机单向连续运行反接制动 PLC 控制主电路

PLC 完成电动机单向连续运行反接制动控制功能是对控制电路的改造，而其主电路与传统的继-接方式实现电动机单向连续运行反接控制的主电路相同，图 10.3 所示为单向反接制动控制的主电路。启动时，按下启动按钮，接触器 KM1 通电并自锁，电动机 M 通电启动。在电动机正常运转时，速度继电器 KS 的常开触头闭合，为反接制动作好了准备。停车时，按下停止按钮，接触器 KM1 线圈断电，电动机 M 脱离电源，由于此时电动机的惯性转速还很高，KS 的常开触头依然处于闭合状态，所以按下停止按钮时，反接制动接触器 KM2 线圈通电并自锁，其主触头闭合，使电动机定子绕组得到与正常运转相序相反的三相交流电源，电动机进入反接制动状态，转速迅速下降，当电动机转速接近于零时，速度继电器常开触头复位，接触器线圈电路被切断，反接制动结束。

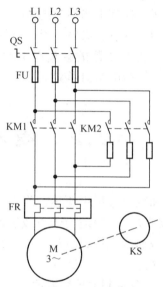

图 10.3　单向反接制动主电路

2. 电动机单向连续运行反接制动 PLC 控制电路

（1）电动机单向连续运行反接制动控制输入/输出地址及功能。

电动机单向连续运行反接制动控制输入/输出地址分配如表 10.1 所示。

表 10.1　　　　　　　　　电动机单向连续运行反接制动输入/输出地址分配表

	符　号	功　能	地　址
输入设备	SB1	启动按钮（常开接点）	0.00
	SB2	停止按钮（常闭接点）	0.01
	KS	速度继电器（常开接点）	0.02
	FR	热继电器（常闭接点）	0.03
输出设备	KM1	运行接触器（线圈）	10.00
	KM2	反接制动接触器（线圈）	10.01

（2）电动机单向连续运行反接制动 PLC 的 I/O 硬件接线图。

图 10.4 所示为电动机单向连续运行反接制动 PLC 的 I/O 硬件接线图，其中输入设备的电源采用 24V 直流，如果其他项目中的输入设备包含其他电压等级或电压类型的传感器，则不能简单的采用 24V 直流，需根据实际情况具体实现。图 10.4 中熔断器 FU2 的主要作用是保护 PLC 和输出设备，一般情况下不可省略。输出设备中的电源类型及等级是由负载决定的，本例中的接触器采用线圈额定电压为交流 110V 的交流接触器，所以，电源电压采用交流 110V。

（3）电动机单向连续运行反接制动 PLC 的程序设计。

梯形图如图 10.5 所示。

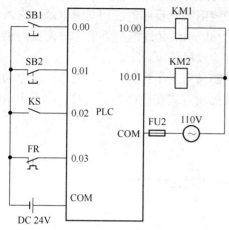

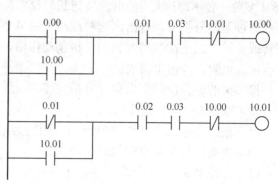

图 10.4 电动机单向连续运行反接制动
PLC 控制的 I/O 硬件接线图

图 10.5 电动机单向连续运行反接制动梯形图

梯形图说明如下。

① 按下启动按钮 SB1，则 0.00 接通，10.00 得电，电动机启动并运行，当电动机转子速度大于 120rpm，KS 常开触点闭合，使 0.02 常开接点接通，为反接制动做准备。

② 按下停止按钮 SB2，SB2 常闭接点断开，则 0.01 断开，10.00 断电，同时 0.01 常闭接点接通，10.01 得电，电动机串电阻反接制动，电动机转速迅速下降，当电动机转子速度小于 100rpm，KS 常开触点断开，使 0.02 常开接点断开，10.01 断电，制动结束，电动机自由停止。

③ 如果发生过载，热继电器动作，常闭接点断开，则 0.03 断开，0.03 常开接点断开，10.00 及 10.01 断电，从而使接触器线圈断电，接触器线圈断电使得接触器本身的触点复位，常开主触点断开，电动机断电并停止，实现过载保护。

3．实践操作

任务二：电动机可逆运行反接制动 PLC 控制

（1）绘制 PLC 控制主电路电气原理图。

图 10.6 所示为电动机可逆运行反接制动的控制主电路。图中 KS 为速度继电器，当电动机正转时速度继电器的触点 KS-1 闭合，当电动机反转时速度继电器的触点 KS-2 闭合。电动机依靠正转接触器 KM1 闭合而得到正序三相交流电源开始运转，当电动机转子速度达到 120r/min 以后，速度继电器中的正向触点 KS1 动作，为正向运行时的反接制动做好准备；当按下停止按钮时，KM1 线圈断电，反向接触器 KM2 线圈便通电，定子绕组得到反序的三相交流电源，进入正向运行反接制动状态。当电动机转子惯性速度低于 100r/min 并逐渐接近于零时，正向触点 KS-1 复位，使 KM2 线圈的电源被切断，正向反接制动过程结束。

在电动机依靠反转接触器 KM2 闭合而得到反序三相交流电源开始运转时，当电动机转子速度达到 120r/min 以后，

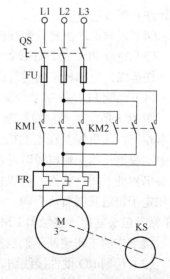

图 10.6 可逆反接制动主电路

153

速度继电器中的反向触点 KS2 动作，为反向运行时的反接制动做好准备；当按下停止按钮时，KM2 线圈断电，正向接触器 KM1 线圈便通电，定子绕组得到反序的三相交流电源，进入反向运行反接制动状态。当电动机转子惯性速度低于 100r/min 并逐渐接近于零时，反向触点 KS-1 复位，使 KM1 线圈的电源被切断，反向反接制动过程结束。

通过上述分析可以看出，这种线路中的每个接触器具有两个作用，一是正常控制电动机正转或反转，二是在制动时起到反接制动作用。这种控制方式在电动机制动时，由于主电路没有限流电阻，冲击电流大。

接下来的工作请同学们自行分析完成。

（2）绘制 I/O 硬件接线图。

（3）根据主电路电气原理图和 I/O 硬件接线图安装电器元件并配线。

（4）根据原理图复查配线的正确性。

（5）完成 PLC 的程序设计。

任务三：电动机单向连续运行能耗制动时间原则 PLC 控制

（1）绘制 PLC 控制主电路电气原理图。

图 10.7 所示为单向能耗制动时间原则控制的主电路。在电动机正常运行的时候接触器 KM1 得电，若按下停止按钮，电动机由于 KM1 断电释放而脱离三相交流电源，而直流电源则由于接触器 KM2 线圈通电 KM2 主触头闭合而加入定子绕组，此时电动机进入能耗制动状态，同时开始延时，延时时间到（应当保证时间到时电动机转子的惯性速度接近于零），KM2 接触器线圈断电，电动机能耗制动过程结束。

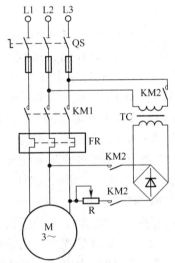

图 10.7　单向能耗制动时间原则主电路

接下来的工作请同学们自行分析完成。

（2）绘制 I/O 硬件接线图。

（3）根据主电路电气原理图和 I/O 硬件接线图安装电器元件并配线。

（4）根据原理图复查配线的正确性。

（5）完成 PLC 的程序设计。

任务四：电动机单向运行能耗制动速度原则 PLC 控制

（1）绘制 PLC 控制主电路电气原理图。

图 10.8 所示为单向能耗制动速度原则控制的主电路。该线路与图 10.7 所示控制的主电路基本相同，这里仅是在电动机轴伸端安装了速度继电器 KS，这样一来，该线路中的电动机在刚刚脱离三相交流电源时，由于电动机转子的惯性速度仍然很高，速度继电器 KS 的常开触头仍然处于闭合状态，所以接触器 KM2 线圈能够依靠停止按钮的按下通电自锁。于是，两相定子绕组获得直流电源，电动机进入能耗制动。当电动机转子的惯性速度接近于零时，KS 常开触头复位，接触器 KM2 线圈断电而释放，能耗制动结束。

接下来的工作请同学们自行分析完成。

（2）绘制 I/O 硬件接线图。

（3）根据主电路电气原理图和 I/O 硬件接线图安装电器元件并配线。

（4）根据原理图复查配线的正确性。

（5）完成 PLC 的程序设计。

任务五：电动机可逆运行能耗制动时间原则 PLC 控制

（1）绘制 PLC 控制主电路电气原理图。

图 10.9 所示为电动机按时间原则控制可逆运行的能耗制动控制主电路。电动机正向运行时，KM1 得电，电动机反向运行时，KM2 得电，电动机制动时，KM3 得电。在其正常的正向运转过程中，需要停止时，可按下停止按钮，KM1 断电，KM3 线圈通电并自锁，KM3 常开主触头闭合，使直流电压加至定子绕组，电动机进行正向能耗制动并开始延时，延时时间到（应该保证电动机正向转速迅速下降，并接近于零时），断开接触器 KM3 线圈电源，电动机正向能耗制动结束。反向启动与反向能耗制动其过程与上述正向情况相同，请同学们自行分析。

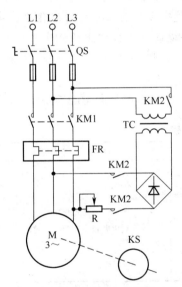

图 10.8 单向能耗制动速度原则主电路

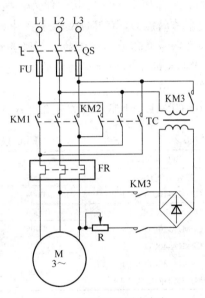

图 10.9 可逆能耗制动主电路

接下来的工作请同学们自行分析完成。

（2）绘制 I/O 硬件接线图。

（3）根据主电路电气原理图和 I/O 硬件接线图安装电器元件并配线。

（4）根据原理图复查配线的正确性。

（5）完成 PLC 的程序设计。

4．程序调试及软件操作流程

（1）输入程序。

（2）编译程序：Ctrl + F7。

（3）在线工作：Ctrl+W。

（4）传入 PLC：Ctrl+T。

（5）运行程序。

（6）监控程序。

（7）调试程序。

① 按下启动按钮 SB1，KM1 得电，电动机启动并运行，当电动机转子速度大于 120rpm，KS 常开触点闭合，为反接制动做准备。

② 按下停止按钮 SB2，KM1 断电，同时 KM2 得电，电动机串电阻反接制动，电动机转速迅速下降，当电动机转子速度小于 100rpm，KS 常开触点断开，10.01 断电，制动结束，电动机自由停止。

③ 再次启动电动机并给定过载信号，热继电器动作，KM1 或 KM2 断电，实现过载保护。

④ 实现电动机单向连续运行反接制动控制功能。

实用资料：CPM1A 的中断指令

1．CPM1A 的中断类型

为了提高 PLC 的实时控制能力，提高 PLC 与外部设备配合运行的工作效率以及 PLC 处理突发事件的能力，CPM1A 设置了中断功能。中断就是中止当前正在运行的程序，去执行为要求立即响应信号而编制的中断服务程序，执行完毕再返回原先被中止的程序并继续运行。

CPM1A 的中断功能有两种类型，一种是外部中断，又叫硬件中断；另一种是定时中断，又叫软件中断。

（1）CPM1A 外部中断共有 2 个或 4 个中断源，对应中断入口如表 10.2 所示。

表 10.2　　　　　　　　　　　PLC 型号与中断入口对应表

CPU 单元	输　入	中　断　号	响应时间（中断模式）
CPM1-10CDR-□	00003	00	
CPM1A-10CD□-□	00004	01	
CPM1-20CDR-□	00003	00	
CPM1A-20CD□-□	00004	01	最大 0.3ms
CPM1A-40CD□-□	00005	02	（到中断程序开始执行的时间）
CPM1A-30CD□-□	00006	03	
CPM1-30CDR-□（-V1）			

（2）内部定时中断是通过软件编程来设定每间隔一定的时间去响应一次中断服务程序。

2．中断的实现

对于内部定时中断，是通过编程来实现的，定时中断的时间，由中断命令控制字设定。

对于外部中断，应先设定控制字 DM6628 的值，如果某个输入被用作中断输入（输入中断或计数器模式），则置相应的输入位为 1；若用作普通输入，则置为 0，如图 10.10 所示。

在执行中断程序过程中，如果接收到优先级别更高的中断，当前执行的中断程序会停止运行，然后先处理新收到的中断。优先级别高的中断执行完后，恢复原来中断处理。优先级

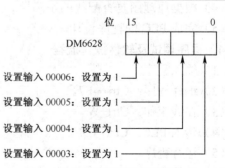

图 10.10　DM6628 设置方式

别为中断输入 0 > 中断输入 1 > 中断输入 2 > 中断输入 3。

3．注意事项

（1）使用外部中断之前，首先设置 DM6628。

（2）在中断子程序中可以定义新的中断，而且也可以从中断程序中清除已有的中断。

（3）在中断程序中，不能编写其他的中断程序。

（4）在中断程序中，不能编写其他子程序，即在中断程序中，不能再使用子程序定义指令 SBN（92）。

（5）在一般子程序中，不能编写中断子程序，不能在子程序定义指令（SBN（92））返回指令（RET（93））之间编写中断程序。

（6）用作中断的输入不能再作普通输入端使用。

4．中断控制指令：INT（89）

INT：中断控制指令。

使用 INT（89）指令，根据需要设置或解除输入中断屏蔽，如图 10.11 所示。

5．梯形图

中断指令梯形图如图 10.12 所示。

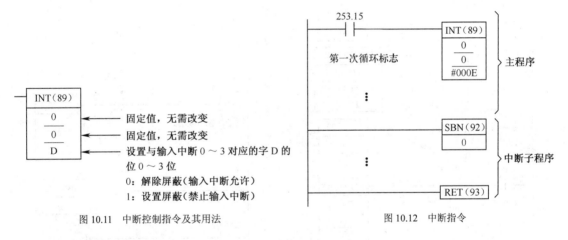

图 10.11　中断控制指令及其用法　　　　图 10.12　中断指令

6．中断控制字的设置

中断控制字 DM6628 的设置方法。

（1）菜单栏 PLC → 编辑 → 设置 ，鼠标左键单击。

（2）找到 中断/刷新 选项。

（3）在 中断允许 里面将 IR 00003、IR 00004、IR 00005、IR 00006 都将普通设置为中断，如图 10.13 所示，然后单击关闭按钮。

（4）将中断控制字设置好，此时就可以正常使用中断功能了。如果只使用一个外部中断，例如中断 0，那么就可以只将 IR 00003 设置为中断，其余的是默认。

注意，在下载程序时一定要将 下载选项 里的 设置 一起下载到 PLC 里，如图 10.14 所示。

7．读程序

（1）每隔 1s，DM0+1 ⇒ DM0，梯形图如图 10.15 所示。

（2）0.03 接通，10.00 输出为 1。

图 10.13　中断设置

图 10.14　中断设置下载

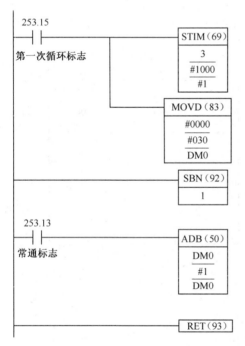

图 10.15　梯形图一

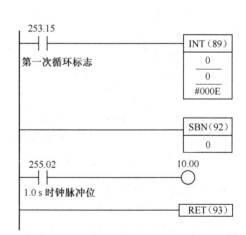

图 10.16　梯形图二

（3）0.03 接通 1 次，DM0+1，梯形图如图 10.17 所示。

（4）10CH 以 1 秒速度加 1，梯形图如图 10.18 所示。

【自测与练习】

电动机可逆运行能耗制动速度原则 PLC 控制

项目要求。

（1）绘制 PLC 控制主电路电气原理图。

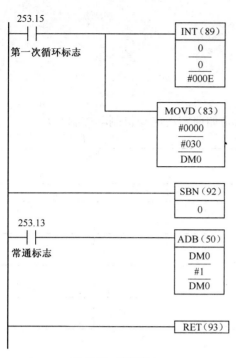

图 10.17 梯形图三

图 10.18 梯形图四

（2）绘制 I/O 硬件接线图。

（3）根据主电路电气原理图和 I/O 硬件接线图安装电器元件并配线。

（4）根据原理图复查配线的正确性。

（5）完成 PLC 的程序设计。

　　　　电动机可逆运行能耗制动如果采用速度原则，就是在电动机可逆运行能耗制动时间原则的基础上，采用速度继电器取代定时器，同样能达到制动目的。

【项目工作页】

1. 资讯（电动机制动控制）
项目任务
完成电动机制动 PLC 控制
（1）常用的电动机制动方式有哪些？这些方法是如何实现电动机制动控制的？

_____

（2）输入输出符号表。

序　号	符　号	地　址	注　释	备　注
1				
2				
3				
4				
5				
6				
7				
8				

2. 决策（电动机制动控制）
采用的控制方案：

_____

输入输出设备点数：

_____

3. 计划（电动机制动控制）
填写项目实施计划表。

实施步骤	内　容	进　度	负　责　人	完成情况
1				
2				
3				
4				

4．实施（电动机制动控制）

（1）绘制主电路。

（2）绘制 PLC 输入输出接线图。

0.00	0.01	0.02	0.03	0.04			
10.00	10.01	10.02	10.03	10.04			

（3）绘出梯形图。

5．检查（电动机制动控制）

遇到的问题或故障	解 决 方 案	效　果	结论及收获	解 决 人 员

6．评价（电动机制动控制）

自我评价与互评成绩表

自我评价（权重20%）				
技能点	程序设计方法 5分	输入输出设备 5分	功能图绘制 5分	梯形图设计 5分
分数				
项目自评总分				
收获与总结				
改进意见				

☆☆☆ ☆☆☆☆ ☆☆☆

小组互评（权重30%）				
技能点	输入输出设备 5分	功能图绘制 5分	梯形图设计 10分	系统调试能力 10分
分数				
项目互评总分				
评价意见				

☆☆☆ ☆☆☆☆ ☆☆☆

教师评价（权重50%）				
技能点	功能图绘制 10分	梯形图设计 10分	系统调试能力 10分	项目整体效果 20分
分数				
教师评价总分				
项目总分				
项目总评				

小组互评表（本组不填）

组　号	输入输出设备 5分	功能图绘制 5分	梯形图设计 10分	系统调试能力 10分
1				
建议或收获*				
2				
建议或收获*				
3				
建议或收获*				
4				
建议或收获*				
5				
建议或收获*				
6				
建议或收获*				
7				
建议或收获*				

*注：建议或收获填写对该组出现问题的分析及建议，以及通过该组观看的成果展示，自己学到了哪些知识或方法。

评分标准

评分内容	配　分	评分标准	扣　分	得　分
新知识	30	电动机制动原理没有理解，扣1～10分		
		电动机常用制动方法没有掌握，扣1～10分		
		速度继电器工作原理及使用没有掌握，扣1～10分		
软件使用	10	软件操作有误，扣1～10分		
硬件接线	20	输入输出接线图绘制不正确，扣1～5分		
		接线图设计缺少必要的保护，扣1～10分		
		线路连接工艺差，扣1～5分		
功能实现	40	电动机不能运行，扣5分		
		电动机不能停止，扣5分		
		电动机不能制动，扣10分		
		速度继电器使用不正确，扣10分		
		没有过载保护功能，扣10分		

项目 11 车库门控制系统

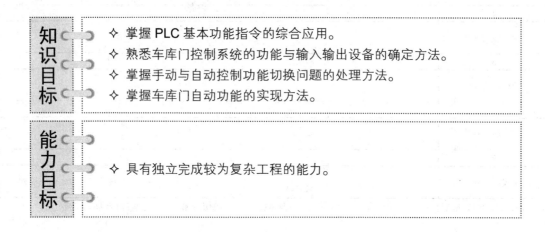

知识目标	✧ 掌握 PLC 基本功能指令的综合应用。
	✧ 熟悉车库门控制系统的功能与输入输出设备的确定方法。
	✧ 掌握手动与自动控制功能切换问题的处理方法。
	✧ 掌握车库门自动功能的实现方法。

能力目标	✧ 具有独立完成较为复杂工程的能力。

【项目内容（资讯）】

车库门在我们的日常生活中非常常见，本项目就是要实现对车库门自动开启和关闭，当然为了维修或特殊需要，还要设置手动开启和关闭车库门的功能。为了安全起见，该系统还设有必要的声光指示，当车库门正在开启和关闭的动态过程中发出警示。具体的控制功能如下。

（1）初始状态：当车库门处于关好状态时，该状态称为系统初始状态。

（2）自动开关门控制。

① 自动开关门必须从系统初始状态开始，自动过程不受手动开关门按钮影响。

② 当有车来时，启动自动开门；直到开门到位，自动开门过程结束。

③ 门开到位后，车驶入车库，当车停好后 5s，开始自动关门，直到车库门关好，关门结束。

（3）手动开关门控制。

在非自动开关门控制时，可以使用手动开、关门点动按钮控制车库门的开启与关闭。

（4）急停控制。在任意时刻，只要按下急停按钮，正转运行的开门或关门动作均停止，需要手动开门或关门，使车库门系统回复到初始状态。

（5）指示灯控制。

① 只要车库门处于关好状态，绿色指示灯亮、红色指示灯灭。

② 只要车库门处于未关好状态,绿色指示灯灭,红色指示灯以 0.5Hz 的频率闪烁。

(6)车库门处于正在开启或关闭的状态时,蜂鸣器(BEE)以 0.5Hz 的频率间断鸣响,提示车库门正处于开启或关闭过程中。

本项目的任务是:实现上述车库门系统的控制功能。

【项目分析(决策)】

根据上述车库门系统的控制功能,首先要熟悉该车库门控制系统的硬件组成,即了解该系统中采用的输入设备有哪些,车库门开关到位采用何种检测手段,车来检测及车停到位使用的是什么传感器等;了解该系统中采用的输出设备有哪些,具体的功能是什么。当确定了输入输出设备之后,接着就是解决手动与自动控制功能切换问题的处理及车库门自动功能的实现。

完成该项目步骤与以往相同:

(1)设计主电路;

(2)确定输入输出设备;

(3)设计 PLC 输入输出接线图;

(4)进行 PLC 程序设计;

(5)进行系统的调试。

在本项目中,我们首先通过分析系统控制功能,确定系统所需的输入输出设备,然后就可以轻松的完成第十一个工程项目了。

【项目新知识点学习资料】

车库门控制系统输入输出设备的分析与确定

下面我们逐一分析车库门控制系统的功能,从中分析所需的输入及输出设备。

(1)初始状态:车库门处于关好状态。

检测车库门是否关好可以使用多种检测方法,本项目采用最简单的方法——限位开关。当关门到位时,碰到限位开关,使其触点处于动作状态,发出车库门关好的信号。

(2)自动开关门控制。

① 自动开关门必须从初始状态开始,自动过程不受手动开关门按钮影响。

② 当有车来时,启动自动开门;直到开门到位,自动开门过程结束。

车来检测采用光电式传感器,并将光电传感器上的输出选择为"LIGHT ON(受光 ON)",即当有车来时,输出高电平,相当于触点接通;当没有车时,输出低电平,相当于触点断开;开门到位与关门到位一样,采用限位开关实现到位检测。

③ 门开到位后,车驶入车库,当车停好 5s 后,开始自动关门,直到车库门关好,关门结束。

车停到位与车来检测相同，采用光电式传感器，并将光电传感器上的输出选择为"LIGHT ON（受光 ON）"，当有车停到位时，输出高电平，相当于触点接通；当车没有停到位时，输出低电平，相当于触点断开。

（3）手动开关门控制：在非自动开关门控制时，可以使用手动开、关门点动按钮控制车库门的开启与关闭。

该处使用两个不同颜色的点动按钮，而车库门电动机是可以双向运行的，我们通过两个接触器实现其正反转的切换。

（4）急停控制：在任意时刻，只要按下急停 SB3 按钮，均停止门电动机，需要手动回复到初始状态。

该处使用一个红色的点动按钮，外接常闭触点。

（5）指示灯控制。

① 只要车库门处于关好状态，绿色指示灯亮；红色指示灯灭。

② 只要车库门处于未关好状态，绿色指示灯灭；红色指示灯以 0.5Hz 的频率闪烁。

这里的指示灯我们要使用两个指示灯，实际的车库门系统要根据具体的要求进行选取指示灯的类型及电压等级等。

（6）车库门处于正在开启或关闭的状态时，蜂鸣器（BEE）以 0.5Hz 的频率间断鸣响，提示车库门正处于开启或关闭过程中。

这里的蜂鸣器也要根据实际的车库门系统具体的情况和要求选择相应功率的蜂鸣器或喇叭。

本项目是 PLC 指令实现电动机制动控制功能。

【项目实施】

车库门的控制，其实就是对车库门电动机的控制，车库门的开启与关闭，就是依靠车库门电动机的正反转来实现的，下面是本项目具体实施方案。

1. 车库门控制系统主电路

车库门的开启与关闭，就是依靠车库门电动机的正反转来实现的，所以车库门的控制，就是通过 PLC 完成电动机正反转连续运行控制功能，因此其主电路与电动机正反转连续运行控制的主电路完全相同，如图 11.1 所示。

2. 车库门系统控制电路

我们已经知道，用 PLC 的控制功能完成相应的工程首先要分析工程控制要求，熟悉工作过程，然后确定输入/输出地址及功能，接下来绘制 PLC 的 I/O 硬件接线图，编写 PLC 控制程序，最后进行系统的调试。

（1）车库门控制系统输入/输出地址及功能。

如项目分析中所确定的输入及输出设备，给出其确定的符号和地址，车库门控制系统输入/输出地址分配如表 11.1 所示。

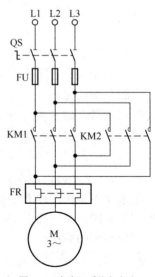

图 11.1 车库门系统主电路

表 11.1 　　　　　　　　　　车库门控制系统输入/输出地址分配表

	符　号	功　能	地　址
输入设备	SB1	手动开门按钮（常开接点）	0.00
	SB2	手动关门按钮（常开接点）	0.01
	B1	车来检测开关（常开接点）	0.02
	B2	车停到位开关（常开接点）	0.03
	SQ1	开门到位开关（常开接点）	0.04
	SQ2	关门到位开关（常开接点）	0.05
	SB3	急停按钮（常闭接点）	0.06
	FR	热继电器（常闭接点）	0.07
输出设备	KM1	开门驱动（电动机正转）	10.00
	KM2	关门驱动（电动机反转）	10.01
	HL1	门关好指示（绿色）	10.02
	HL2	门未关指示（红色）	10.03
	BEE	蜂鸣器	10.04

（2）车库门控制系统 PLC 的 I/O 硬件接线图。

图 11.2 所示为车库门控制系统 PLC 的 I/O 硬件接线图，其中输入设备的电源采用 24V 直流，两个光电传感器属于三线制，其中信号线接 PLC。对于输入端口，电源线正极接 24V 电源正极，电源线负极接电源负极。如果项目中的输入设备采用其他电压等级或电压类型的

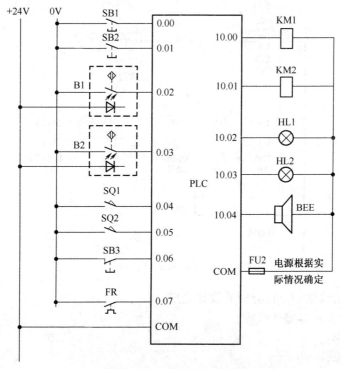

图 11.2　车库门系统 PLC I/O 接线图

传感器，则不能简单的采用 24V 直流，需根据实际情况具体实现。图 11.2 中熔断器 FU2 的主要作用是保护 PLC 和输出设备，一般情况下不可省略。输出设备中的电源类型及等级是由负载决定的，这里不再给出具体的电源类型及电压等级。

3. 车库门系统 PLC 控制的程序设计

根据该系统的控制功能，程序设计可以安装下列几部分进行设计：手动开关门控制；自动开关门状态处理；自动开门控制；自动关门控制；开关门驱动；开关门指；蜂鸣器。

下面我们分段进行程序设计。

（1）手动开关门控制，梯形图如图 11.3 所示。

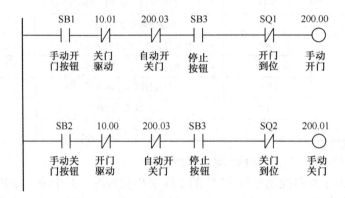

图 11.3　手动开关门程序

（2）自动开关门状态处理，梯形图如图 11.4 所示。

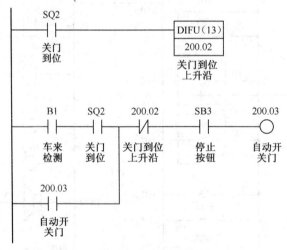

图 11.4　自动关门程序

其他的部分请同学们自行分析并设计完成。

4. 程序调试及软件操作流程

（1）输入程序。

（2）编译程序：Ctrl＋F7。

（3）在线工作：Ctrl+W。

（4）传入 PLC：Ctrl+T。

（5）运行程序。

（6）监控程序。

（7）调试程序。

在没有车来检测信号之前，首先测试手动开关门的功能，值得注意的是手动开关门的控制实际上是对车库门电动机的点动控制。

① 按下手动开门按钮 SB1，KM1 得电，车库门开启。

② 松开手动开门按钮 SB1，KM1 断电，车库门停止开启。

③ 再次按下手动开门按钮 SB1 一直不松开，KM1 一直得电，车库门一直开启，直到碰到开门到位限位开关 SQ1，KM1 自动断电，车库门开门结束，完成车库门开门限位的功能。

④ 按下手动关门按钮 SB2，KM2 得电，车库门关闭。

⑤ 松开手动关门按钮 SB2，KM2 断电，车库门停止关闭。

⑥ 再次按下手动关门按钮 SB2 一直不松开，KM2 一直得电，车库门一直关闭，直到碰到关门到位限位开关 SQ2，KM2 自动断电，车库门关门结束，完成车库门关门限位的功能。

接下来测试自动开门和关门的过程。

① 自动开关门必须从系统初始状态开始，所以首先保证车库门处于关好的状态，使关门到位的限位开关处于动作状态，即关门到位限位开关 SQ2=1。

② 给出车来信号，即车来检测 B1=1，则 KM1 得电，车库门自动开启。

③ 开门到位时，即开门到位限位开关 SQ1=1，KM1 断电，车库门停止，自动开门结束。

④ 将车驶入车库并停好，给出车停到位信号，即 B2=1，开始延时 5s 时间，启动 KM2，开始自动关门，直到车库门关门到位，关门到位限位开关 SQ2=1，自动关门过程结束。

然后测试自动开关门过程中，车库门不受手动开关门按钮控制的安全模式功能。

① 重新启动自动开关门的过程，即重复上述过程，在车库门关好的状态下（关门到位限位开关 SQ2=1），给出车来检测信号（车来检测 B1=1），启动自动开门。

② 此时按下手动开门按钮 SB1，车库门状态不改变，如果正在自动开门就保持开门，如果处于自动关门的状态就保持继续关门。

③ 同样的，此时按下手动关门按钮 SB2，车库门状态不改变，如果正在自动开门就保持开门，如果处于自动关门的状态就保持继续关门。

接下来测试急停功能。

① 重新启动自动开关门，在任意时刻，只要按下急停按钮 SB3，正转运行的开门电动机或关门电动机均停止。

② 按下手动开门按钮或关门按钮，使车库门系统回复到初始状态。

③ 在手动开关门的过程中，按下急停按钮 SB3，正转运行的开门电动机或关门电动机均停止。

接着测试指示灯控制功能。

① 只要车库门处于关好状态，绿色指示灯亮；红色指示灯灭。

② 只要车库门处于未关好状态，绿色指示灯灭；红色指示灯以 0.5Hz 的频率闪烁。

最后测试蜂鸣器功能。

① 车库门处于正在开启或关闭的状态时，蜂鸣器（BEE）以 0.5Hz 的频率间断鸣响，提示车库门正处于开启或关闭过程中。

② 实现车库门系统控制功能。

实用资料：主控继电器互锁和解除互锁指令 IL（02）、ILC（03）

1. 指令功能

IL（02）：主控继电器开始指令。

ILC（03）：主控继电器结束指令。

功能：用于在程序中将某一段程序单独界定出来。当 IL（02）前面的控制触点闭合时，执行 IL（02）至 ILC（03）间的指令；当该触点断开时，不执行 IL（02）至 ILC（03）间的指令。

2. 梯形图结构

主控指令梯形图结构如图 11.5 所示。

梯形图说明如下。

当控制触点 0.00 接通时，执行 IL（02）到 ILC（03）之间的程序，否则，不执行 IL（02）到 ILC（03）之间的程序。

值得注意的是，当主控继电器控制触点断开时，在 IL（02）至 ILC（03）之间的程序，遵循扫描但不执行的规则，可编程序控制器仍然扫描这段程序，不能简单地认为可编程序控制器跳过了这段程序。而且，在该程序段中不同的指令状态变化情况也有所不同，具体情况如表 11.2 所示。

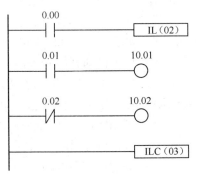

图 11.5　主控指令

表 11.2　　　　　　　　主控指令之间程序执行情况

指令或寄存器	状态变化
OUT（10CH、200CH 等）	全部 OFF 状态
KEEP（11）、SET、RSET	保持控制触点断开前对应各继电器的状态
TIM、TIMH（15）	复位，即停止工作
CNT	保持控制触点断开前经过值，但停止工作
ASFT（17）	保持控制触点断开前经过值，但停止工作
其他指令	扫描但是不执行

3. 语句表

```
LD          0.00
IL（02）
LD          0.01
OUT         10.01
LDNOT       0.02
OUT         10.02
ILC（03）
```

4. 注意事项

（1）一个或多个 IL（02）后面必须跟一个 ILC（03）。

（2）虽然所需的多个 IL（02）可与一个 ILC（03）在一起使用，但 ILC（03）指令不能在没有一个 ILC（02）的情况下连续使用，也就是说，不能嵌套。无论何时执行 ILC（03），都要清除所有有效的 ILC（03）与之前的 IL（02）之间的联锁。

（3）IL（02）和 ILC（03）不需要成对使用。在一行中 IL（02）可以多次使用，每个 IL（02）可以通过下个 ILC（03）建立一个联锁部分。除非在其与任何一个先前的 ILC（03）之间至少存在一个 IL（02），否则可以不必使用 ILC（03）。

（4）IL（02）和 ILC（03）的顺序不能颠倒。

（5）IL（02）指令不能直接从母线开始，即必须有控制触点。

（6）在主控指令对之间应用 DIFU（13）、DIFD（14）指令时，若主控指令对为 OFF 状态，微分指令储存并保持其在 MC 指令触发信号断开之前的状态（ON 或 OFF）。如果 IL（02）和微分指令为同一触发信号，则输出不动作。若需要输出动作，应将微分指令放在 IL（02）、ILC（03）指令之外。

（7）当单个 ILC（03）和多个 IL（02）一起使用时，在完成程序检查时，将发生出错信息，但程序仍可正常执行。

【自测与练习】

请同学们自己设计一个车库门控制系统。

（1）详细描述该车库门系统的功能，要尽可能的人性化功能设计。

（2）填写 I/O 设备及地址分配表。

（3）绘制 I/O 接线图。

（4）编写 PLC 程序。

（5）进行系统调试。

【项目工作页】

1. 资讯（车库门控制系统）

项目任务

完成车库门系统控制

（1）如何实现车库门控制系统，请描述控制功能。

_____

（2）输入输出符号表。

序　号	符　　号	地　　址	注　释	备　注
1				
2				
3				
4				
5				
6				
7				
8				

2. 决策（车库门控制系统）

采用的控制方案：

_____

输入输出设备点数：

_____

3. 计划（车库门控制系统）

填写项目实施计划表。

实施步骤	内　容	进　度	负责人	完成情况
1				
2				
3				
4				

4. 实施（车库门控制系统）

（1）绘制主电路。

（2）绘制 PLC 输入输出接线图。

0.00	0.01	0.02	0.03	0.04			
10.00	10.01	10.02	10.03	10.04			

（3）绘出梯形图。

5. 检查（车库门控制系统）

遇到的问题或故障	解 决 方 案	效 果	结论及收获	解 决 人 员

6. 评价（车库门控制系统）

自我评价与互评成绩表

自我评价（权重20%）				
技能点	程序设计方法 5分	输入输出设备 5分	功能图绘制 5分	梯形图设计 5分
分数				
项目自评总分				
收获与总结				
改进意见				
☆☆☆ ☆☆☆ ☆☆☆				
小组互评（权重30%）				
技能点	输入输出设备 5分	功能图绘制 5分	梯形图设计 10分	系统调试能力 10分
分数				
项目互评总分				
评价意见				
☆☆☆ ☆☆☆ ☆☆☆				
教师评价（权重50%）				
技能点	功能图绘制 10分	梯形图设计 10分	系统调试能力 10分	项目整体效果 20分
分数				
教师评价总分				
项目总分				
项目总评				

小组互评表（本组不填）

组　号	输入输出设备 5分	功能图绘制 5分	梯形图设计 10分	系统调试能力 10分
1				
建议或收获*				
2				
建议或收获*				
3				
建议或收获*				
4				
建议或收获*				
5				
建议或收获*				
6				
建议或收获*				
7				
建议或收获*				

*注：建议或收获填写对该组出现问题的分析及建议，以及通过该组观看的成果展示，自己学到了哪些知识或方法。

评分标准

评分内容	配　分	评 分 标 准	扣　分	得　分
新知识	10	没有掌握基本功能的综合应用，扣1～10分		
软件使用	10	软件操作有误，扣1～10分		
硬件接线	20	输入输出接线图绘制不正确，扣1～5分		
		接线图设计缺少必要的保护，扣1～10分		
		线路连接工艺差，扣1～5分		
功能实现	60	不能自动开门，扣10分		
		电动机自动关门，扣10分		
		不能手动开门，扣10分		
		不能手动关门，扣10分		
		自动状态下可以手动，扣10分		
		指示功能没有实现，扣5～10分		

项目 12   圆盘计数 PLC 控制

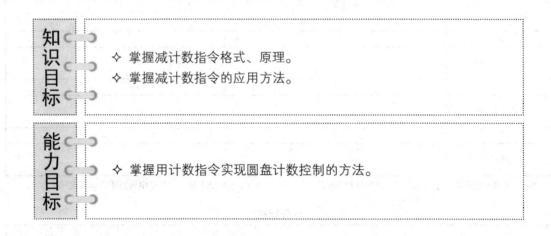

【项目内容（资讯）】

在工业领域有这样的典型任务：控制一个旋转部件的旋转角度或转数，如一根主轴旋转了 10 圈以后，我们要停止一段时间或进行指示、计数显示等功能。项目 12 就是要完成这样的任务。

本项目的任务如下。

任务一：圆盘单向旋转计数功能的实现

按下启动按钮，圆盘开始旋转，圆盘每转动一周发出一个计数脉冲，当圆盘发出 5 个脉冲后，圆盘停止旋转，延时 2s，重新启动圆盘，如此重复。任意时刻按下停止按钮，圆盘立即停止，计数器复位，蜂鸣器叫响 2s，再次按下启动按钮启动圆盘旋转时，重新开始计数。

任务二：圆盘双向旋转计数功能的实现

按下正向启动按钮，圆盘开始顺时针旋转，圆盘每转动一周发出一个计时脉冲，当圆盘发出 5 个脉冲后，圆盘停止旋转，延时 2s，圆盘开始反向运行，即圆盘逆时针旋转，计数 10 个脉冲后，圆盘停止旋转，延时 5s，再次启动圆盘开始顺时针旋转，如此重复。任意时刻按下停止按钮，圆盘立即停止，计数器不复位，再次启动圆盘时，接着计数。

【项目分析（决策）】

本项目有 4 个关键技术点：一是圆盘旋转时的计数；二是控制圆盘的旋转与停止；三是圆盘停止时间的控制；四是圆盘的重新启动，即循环的实现。

要实现圆盘旋转计数功能，只要解决上述 4 个技术点就可以了，针对圆盘旋转时的计数，可使用 PLC 的计数器指令完成；对于圆盘的旋转和停止的控制，其实就是对圆盘电动机的单向或双向的连续运行控制；圆盘停止时间的控制采用定时器功能即可；而循环的实现也很简单，只要再增加一个圆盘启动信号即可。

完成该项目步骤与以往相同：

（1）设计主电路；

（2）确定输入输出设备；

（3）设计 PLC 输入输出接线图；

（4）进行 PLC 程序设计；

（5）进行系统的调试。

在本项目中，我们首先学习"计数器"指令的相关知识，然后就可以轻松的完成第十二个工程项目了。

【项目新知识点学习资料】

计数器指令

1．指令功能

CNT 指令是一个减计数型的预置计数器。其工作原理为：程序一进入"运行"方式，计数器就自动进入初始状态，当计数脉冲的执行条件 CP 从 OFF 变为 ON 时，计数器就作减值计数，即，只要计数器 CP 脉冲执行条件为 ON，上一扫描周期执行条件为 OFF，计数器作减 1 计数。如果 CP 端执行条件不变或由 ON 变到 OFF，计数器当前值（PV）不变。当计数器当前值（PV）计到零时，计数器的完成标志置"ON"，并且将保持"ON"的状态直到计数器复位为止。计数器的复位是由复位输入信号 R 来实现的，当 R 由"OFF"变为"ON"时，计数器复位，计数器当前值（PV）恢复为设定值（SV）。当复位 R 为"ON"期间，计数器当前值（PV）不减值。当复位 R 变为"OFF"时，计数器从设定值（SV）开始递减计数。电源中断或在互锁程序部分中的计数器当前值（PV）不会复位。

2．梯形图

计数器指令梯形图如图 12.1 所示。

梯形图说明如下。

程序开始运行时，计数器对应的常闭触点 CNT100 接通,使输出继电器 10.01 导通为 ON,

当复位输入端 0.01 断开时，计数器进入计数状态。当检测到 0.00 的上升沿 3 次时，计数器对应的常开触点 CNT100 接通，常闭触点 CNT100 断开，使输出继电器 10.00 导通为 ON，输出继电器 10.01 断开为 OFF；当 0.01 接通时，计数器复位清零，对应的常开触点 CNT100 断开，输出继电器 10.00 断开为 OFF，输出继电器 10.01 导通为 ON。

3. 时序图

计数器指令时序图如图 12.2 所示。

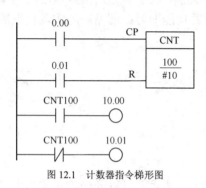

图 12.1 计数器指令梯形图

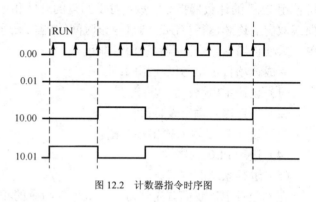

图 12.2 计数器指令时序图

4. 注意事项

（1）每一 TC 编号只能用作一条定时器或计时器指令的定义符。

（2）计数器与定时器有密切的关系，编号也是连续的。定时器本质上就是计数器，只不过是对固定间隔的时钟脉冲进行计数，因此两者有许多性质是类似的。

（3）与定时器一样，每个计数器都有对应相同编号的 16 位专用寄存器 SV 和 PV，以存储预置值和经过值。

（4）同一程序中相同编号的计数器只能使用一次，而对应的常开和常闭触点可使用次数没有限制。

（5）计数器有两个输入端，即计数脉冲输入端 CP 和复位端 R，分别由两个输入触点控制，R 端比 CP 端优先权高。

（6）计数器的预置值即为计数器的初始值，该值为 0～8191 中的任意十进制数，书写时前面一定要加字母"#"。

5. 应用举例

每秒计数一次，计数到 100，计数器自动复位，重新开始计数，梯形图如图 12.3 所示。

图 12.3 计数器指令举例

6. 计数器指令的输入

计数器指令的输入请参阅定时器指令输入。

【项目实施】

任务一：圆盘单向旋转计数功能的实现

圆盘单向旋转计数具体实施方案如下。

1．圆盘旋转计数控制主电路

圆盘旋转是依靠电动机的旋转带动相应的传动机构实现，所以圆盘旋转的控制，就是通过 PLC 完成电动机单向或正反转连续运行控制功能，因此其主电路与电动机单向运行或正反转连续运行控制的主电路完全相同，这里不再赘述，请同学们参考电动机单向连续运行或电动机正反转连续运行的主电路。

2．圆盘旋转计数控制电路

我们已经知道，用 PLC 的控制功能完成相应的工程首先要分析工程控制要求，熟悉工作过程，然后确定输入/输出地址及功能，接下来绘制 PLC 的 I/O 硬件接线图，编写 PLC 控制程序，最后进行系统的调试。

（1）圆盘旋转计数控制输入/输出地址及功能。

首先完成圆盘单向旋转计数功能，其输入/输出地址分配如表 12.1 所示。

表 12.1　　　　　　圆盘单向旋转计数控制输入/输出地址分配表

	符　号	功　能	地　址
输入设备	SB1	圆盘启动按钮（常开接点）	0.00
	SB2	停止按钮（常闭接点）	0.01
	B1	计数光电开关（常闭接点）	0.02
	FR	热继电器（常闭接点）	0.07
输出设备	KM1	接触器线圈（圆盘旋转）	10.00
	BEE	蜂鸣器	10.01

（2）圆盘旋转计数 PLC 控制的 I/O 硬件接线图。

图 12.4 所示为圆盘旋转计数 PLC 控制的 I/O 硬件接线图，其中输入设备的电源采用 24V 直流，光电传感器属于三线制，其中信号线接 PLC。对于输入端口，电源线正极接 24V 电源正极，电源线负极接电源负极。如果项目中的输入设备包含其他电压等级或电压类型的传感器，则不能简单的采用 24V 直流，需根据实际情况具体实现。图 12.4 中熔断器 FU2 的主要作用是保护 PLC 和输出设备，一般情况下不可省略。输出设备中的电源类型及等级是由负载决定的，这里不再给出具体的电源类型及电压等级。

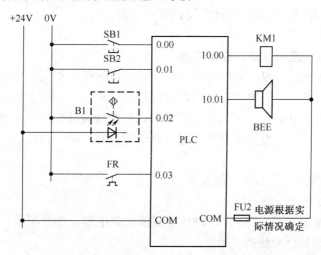

图 12.4　圆盘单向旋转计数 PLC 控制的 I/O 硬件接线图

（3）圆盘单向旋转计数控制 PLC 的程序设计。

控制要求：按下启动按钮，圆盘开始旋转，圆盘每转动一周发出一个计时脉冲，当圆盘发出 5 个脉冲后，圆盘停止旋转，延时 2s，重新启动圆盘，如此重复。任意时刻按下停止按钮，圆盘立即停止，计数器复位，蜂鸣器叫响 2s，再次按下启动按钮启动圆盘旋转时，重新开始计数，程序梯形图如图 12.5 所示。

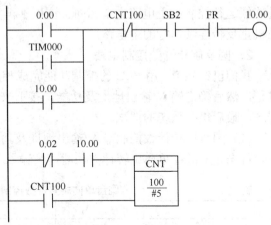

图 12.5　圆盘计数程序

圆盘停止时间的控制部分及蜂鸣器的控制请同学们自行分析并设计完成。

梯形图说明如下。

① 按下启动按钮 SB1，使 0.00 常开触点接通，10.00 得电，从而使接触器线圈 KM 得电，使圆盘电动机得电启动并运行并带动圆盘旋转。

② 圆盘旋转后，每转一周，计数光电开关 B1 断开一次，使 0.02 的常闭触点接通一次，计数器 CNT100 计数一次（10.00=1，0.02=1）。

③ 计数器每计数一次，其对应的经过值 CNT100 减 1，直到圆盘旋转 5 周，B1 发出 5 个脉冲，0.02 的常闭触点接通 5 次，计数器 5 次，则计数器触点动作，串联在线圈 10.00 前面的 CNT100 常闭触点断开，使圆盘停止运行，计数器复位。

④ 同时应该启动定时器，延时 2s，延时时间到通过并联在启动按钮两端的常开触点 TIM000，重新启动圆盘旋转。

⑤ 按下停止按钮 SB2，使 0.01 的常开触点断开，则 10.00 断电，从而使接触器线圈断电，接触器线圈断电使得接触器本身的触点的复位，常开主触点断开，最终使圆盘电动机断电并停止。

⑥ 如果发生过载，热继电器 FR 动作，则 10.00 断电，从而使接触器线圈断电，接触器线圈断电使得接触器本身的触点的复位，常开主触点断开，最终使圆盘电动机断电并停止，实现过载保护。

⑦ 其他的功能请同学们自行分析并设计完成。

3．实践操作

任务二：圆盘双向旋转计数功能的实现

按下正向启动按钮，圆盘开始顺时针旋转，圆盘每转动一周发出一个计时脉冲，当圆盘发出 5 个脉冲后，圆盘停止旋转，延时 2s，圆盘开始反向运行，即圆盘逆时针旋转，计数 10 个后，圆盘停止旋转，延时 5s，再次启动圆盘开始顺时针旋转，如此重复。任意时刻按下停止按钮，圆盘立即停止，计数器不复位，再次启动圆盘时，接着计数。

项目要求。

（1）绘制 PLC 控制主电路电气原理图。

（2）绘制 I/O 硬件接线图。

（3）根据主电路电气原理图和 I/O 硬件接线图安装电器元件并配线。

（4）根据原理图复查配线的正确性。

（5）完成 PLC 的程序设计。

4．程序调试及软件操作流程

（1）输入程序。

（2）编译程序：Ctrl + F7。

（3）在线工作：Ctrl + W。

（4）传入 PLC：Ctrl+T。

（5）运行程序。

（6）监控程序。

（7）调试程序。

① 按下启动按钮 SB1，接触器线圈 KM 得电，圆盘开始旋转。

② 圆盘旋转后，每转一周，计数光电开关 B1 断开一次，计数器 CT100 计数一次。

③ 圆盘旋转 5 周，接触器线圈 KM 断电，圆盘电动机断电并停止。

④ 延时 2s 后，圆盘重新开始旋转，重复上述过程。

⑤ 圆盘旋转时，按下停止按钮 SB2，接触器线圈 KM 断电，圆盘电动机断电并停止旋转，计数器复位，蜂鸣器叫响 2s。

⑥ 再次按下启动按钮启动圆盘旋转时，重新开始计数。

⑦ 圆盘旋转时，给出过载信号，接触器线圈 KM 断电，圆盘电动机断电并停止旋转，计数器复位，蜂鸣器叫响 2s，实现过载保护。

⑧ 实现圆盘单向旋转计数控制功能。

实用资料：跳转指令 JMP（04）、JME（05）

1．指令功能

JMP（04）：跳转指令。

JME（05）：跳转标记指令。

JMP（04）总是与 JME（05）联用来形成跳转，也就是说，从梯形图的一点跳转到另一点。JMP（04）定义开始跳转的点，JME（05）定义了结束跳转的点，当 JMP（04）的执行条件是 ON 时，不发生跳转，程序按编程顺序执行。当 JMP（04）的执行条件是 OFF 时，跳转到与 JMP（04）相同的跳转编号的 JME（05）处，并执行 JME（05）下面的程序。

2．梯形图结构

跳转指令梯形图如图 12.6 所示。

梯形图说明如下。

在 JMP（04）#01 指令的前面、JMP（04）#01 与 JME（05）#01 中间、以及 JME（05）#01 的后面都可能有其他的指令程序段，如图 12.6 所示。当控制触点 0.00 接通时，跳转指令不起作用，JMP（04）#01 与 JME（05）#01 中间

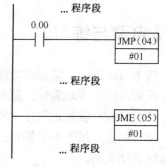

图 12.6　跳转指令梯形图

的指令正常执行，与没有跳转指令一样；当控制触点 0.00 没有接通时，执行跳转指令，跳过 JMP（04）#01 与 JME（05）#01 中间的程序段，直接执行 JME（05）#01 后面的程序段。

3．语句表

…

```
LD          0.00
JMP（04）     #01
…
JME（05）     #01
```

4．注意事项

（1）跳转编号从 01～49 在 JMP（04）指令中只能使用一次，在 JME（05）中也只能使用一次，也就是说，每个编号只能用来定义一次跳转。跳转编号 00 可根据要求多次使用。

（2）当 JMP（04）和 JME（05）不成对使用，在完成程序检查时就出现错误信息。如果 JMP（04）00 和 JME（05）00 没有成对使用，也会出现这条错误信息，但程序仍会按照所写的程序顺序执行。

（3）LBL 指令应该放在同序号的 JP 指令的后面，当然，放在前面也可以，不过这时扫描不会终止，而且可能发生瓶颈错误，详细内容请参见相关手册。

（4）JMP（04）指令不能直接从母线开始，即前面必须有触发信号。

（5）在一对跳转指令之间可以嵌套另一对跳转指令。

（6）不能在子程序或中断程序与主程序之间跳转；不能在步进区和非步进区进行跳转。

（7）JMP（04）指令跳过位于 JMP（04）和编号相同的 JME（05）指令间的所有指令时，跳转指令执行的时间不计入扫描时间。

（8）在 JMP（04）和 JME（05）之间的定时器、计数器、输出使用的位，输出非使用的位和其他控制指令的状态不会发生变化。

（9）虽然 DIFU（13）和 DIFD（14）用于在一个周期中使指定位置 ON，当在 JMP（04）和 JME（05）之间写 DIFU（13）和 DIFD（14）指令时候，它们就不是这样了。一旦 DIFU（13）或 DIFD（15）已经对一个位置 ON，它将保持 ON，一直到下次再执行 DIFU（13）或 DIFD（14）为止，在一般编程中，这意味着下一个周期。在跳转中，这意味着下一次的跳转没有执行，也就是说，如果一个位通过 DIFU（13）或 DIFD（14）而置 ON，并且在下一个周期中将产生了一个跳转，这样 DIFU（13）或 DIFD（14）就被跳过了，这个标志位就会保持 ON，直到下一次控制跳转的 JMP（04）的执行条件为 ON 为止。

【自测与练习】

按下启动按钮，圆盘开始旋转，圆盘每转动一周发出一个计时脉冲，当圆盘计时发出 3 个脉冲后，圆盘停止旋转，延时 2s，重新启动圆盘，如此重复。

停止功能：设置正常停止和急停两种功能。

正常停止：按下正常停止按钮圆盘不立即停止，必须计数到 3 个脉冲，才自动停止，不再延时自动启动。

急停：任意时刻按下停止按钮，圆盘立即停止，计数器清零，再次启动圆盘时，重新开始计数。

项目要求：填写 I/O 地址分配表，绘制 I/O 接线图，编写梯形图。

【项目工作页】

1. 资讯（圆盘计数）

项目任务

完成工作台自动往复运行控制

（1）如何实现工作台自动往复运行？

_____

（2）输入输出符号表。

序　号	符　号	地　址	注　释	备　注
1				
2				
3				
4				
5				
6				
7				
8				

2. 决策（圆盘计数）

采用的控制方案：

_____

输入输出设备点数：

_____

3. 计划（圆盘计数）

填写项目实施计划表。

实施步骤	内　容	进　度	负责人	完成情况
1				
2				
3				
4				

4．实施（圆盘计数）

（1）绘制主电路。

（2）绘制 PLC 输入输出接线图。

0.00	0.01	0.02	0.03	0.04			
10.00	10.01	10.02	10.03	10.04			

（3）绘出梯形图。

5．检查（圆盘计数）

遇到的问题或故障	解 决 方 案	效 果	结论及收获	解 决 人 员

6. 评价（圆盘计数）

自我评价与互评成绩表

自我评价（权重20%）				
技能点	程序设计方法 5分	输入输出设备 5分	功能图绘制 5分	梯形图设计 5分
分数				
项目自评总分				
收获与总结				
改进意见				
	☆☆☆ ☆☆☆☆ ☆☆☆			

小组互评（权重30%）				
技能点	输入输出设备 5分	功能图绘制 5分	梯形图设计 10分	系统调试能力 10分
分数				
项目互评总分				
评价意见				
	☆☆☆ ☆☆☆☆ ☆☆☆			

教师评价（权重50%）				
技能点	功能图绘制 10分	梯形图设计 10分	系统调试能力 10分	项目整体效果 20分
分数				
教师评价总分				
项目总分				
项目总评				

小组互评表（本组不填）

组　　号	输入输出设备 5分	功能图绘制 5分	梯形图设计 10分	系统调试能力 10分
1				
建议或收获*				
2				
建议或收获*				
3				
建议或收获*				
4				
建议或收获*				
5				
建议或收获*				
6				
建议或收获*				
7				
建议或收获*				

*注：建议或收获填写对该组出现问题的分析及建议，以及通过该组观看的成果展示，自己学到了哪些知识或方法。

评分标准

评分内容	配　分	评 分 标 准	扣　分	得　分
新知识	10	没有掌握计数器指令，扣1～10分		
软件使用	10	计数器指令输入有误，扣1～10分		
硬件接线	20	输入输出接线图绘制不正确，扣1～5分		
		接线图设计缺少必要的保护，扣1～10分		
		线路连接工艺差，扣1～5分		
功能实现	60	单向圆盘计数 圆盘不能运行，扣5分		
		单向圆盘计数 圆盘不能停止，扣5分		
		单向圆盘计数 计数器不能计数，扣5分		
		单向圆盘计数 要求的圈数达到之后圆盘不能停止，扣5分		
		单向圆盘计数 要求的间隔时间过后不能再次启动，扣5分		
		单向圆盘计数 蜂鸣器不能叫响，扣5分		
		双向圆盘计数 圆盘不能运行和停止，扣5分		
		双向圆盘计数 计数器不能计数，扣5分		
		双向圆盘计数 要求的圈数达到之后圆盘不能停止，扣5分		
		双向圆盘计数 不能实现自动双向切换，扣5分		
		双向圆盘计数 要求的间隔时间过后不能再次启动，扣5分		
		双向圆盘计数 蜂鸣器不能叫响，扣5分		